シリーズ オペレーションズ・リサーチ 5

[編集委員] 今野　浩
茨木俊秀
伏見正則
高橋幸雄
腰塚武志

意思決定のための数理モデル入門

今野　浩
後藤順哉 [著]

朝倉書店

ま え が き

　この本は，大学初年級の学生諸君に対して，数理的アプローチが，自然科学や工学上の問題だけでなく，人間社会のさまざまな問題の解決にも役に立つ，ということを知ってもらうために書いたものである．そのため，題材を大学というコミュニティーにかかわる問題に絞り，問題の背景，数理モデルによる問題の定式化，モデルの最適化，得られた解決策の実施と改善プロセスを解説した．

　取り上げた問題は，大学という組織の運営にかかわる最適化問題から，学生諸君が抱える個人的な問題にまでまたがっているが，これらはいずれも筆者らの身近なところで発生したものである．また問題解決のために用いた手法のほとんどは，「オペレーションズ・リサーチ (OR)」の範疇に属するものである．

　オペレーションズ・リサーチは，これまで半世紀以上にわたって「問題解決の科学」として，社会のさまざまな組織や個人の問題解決に実績を上げてきたが，応用数学の一分野とみなされ，専門家以外には敬遠される傾向があるといわれてきた．実際にはもっと広がりがあるものだと主張してみても，OR のテキストには数式を並べたものが少なくないのも事実である．

　現実の問題解決のプロセスは複雑に入り組んでいて，教科書という形式になじみにくいため，まずは手法の説明から，という無難な戦略が採用されるのだろう．しかし筆者らはかねて，数理的厳密さをあまり損なうことなく，問題解決学としての OR の初学者向きのテキストをつくることは可能だと考えてきた．

　この方針のもとで書いた『数理決定法入門―キャンパスの OR』(朝倉書店，1992) は，幸い多くの大学で低学年用の OR 入門講義の教材として採用されただけでなく，一般紙の書評にまで取り上げられ，発行部数を伸ばした．しかし世紀をまたぐころから，記述の一部に，時代の流れにそぐわないものが散見されるようになった．

本来であれば，その時点で改訂を行うべきであったが，忙しさにかまけて延び延びになってしまった．

　この本を執筆するにあたっては，数えきれないほど多くの方々のお世話になった．中でも，前著についてさまざまなご意見をお寄せ下さった諸先生方や，東京工業大学と中央大学における講義に積極的に参加して，建設的な意見を述べてくれた学生諸君，そしてこの本の出版をお勧め下さった朝倉書店編集部にも，厚くお礼申し上げる次第である．

　2011 年 8 月

今 野　　浩
後 藤 順 哉

目　　次

1. クラス編成問題——線形計画法 *1*
   1.1 問　題　設　定 *1*
   1.2 キ　ー　ト　ン　法 *3*
   1.3 天　下　り　法 *4*
   1.4 自　由　配　点　法 *9*
   1.5 自由配点法プラスアルファ *12*
     1.5.1 過疎クラス防止法 *12*
     1.5.2 定員増加を考慮したモデル *14*
   1.6 究極のクラス編成を目指して *16*
   1.7 クラス編成問題の解法 *19*
2. 入学試験合格者数決定問題——多属性効用分析 *21*
   2.1 問　題　設　定 *21*
   2.2 期待効用最大化の原理 *22*
   2.3 アレの反例とその反例 *25*
   2.4 評価属性の抽出と一属性効用関数 *27*
     2.4.1 評価属性の抽出 *28*
     2.4.2 一属性効用関数 *28*
   2.5 多属性効用関数の決定 *30*
   2.6 確　率　計　算 *33*
   2.7 より精密な確率計算 *35*
3. 就職先選択問題——階層分析法 AHP *37*
   3.1 問　題　設　定 *37*
   3.2 評価要因の木と基礎データ *38*

- 3.3 重要度の決め方 …………………………………… *41*
- 3.4 相対評点の決め方と総合評価 …………………… *44*
- 3.5 分析結果の検証 …………………………………… *47*
- 3.6 多階層の評価木 …………………………………… *49*
- 補足：ウェイト計算の簡便法 ………………………… *52*

4. 金融工学のすすめ——ポートフォリオ理論 *53*
- 4.1 理工系大学とお金の研究 ………………………… *53*
- 4.2 リターンとリスク ………………………………… *54*
- 4.3 平均・分散モデル ………………………………… *57*
- 4.4 平均・分散モデルと2次計画法 ………………… *60*
- 4.5 大型2次計画問題の解法 ………………………… *61*
  - 4.5.1 ファクター・モデル …………………… *61*
  - 4.5.2 2次計画問題のコンパクト分解 ……… *64*
- 4.6 平均・絶対偏差モデル …………………………… *65*
- 4.7 その他のモデル …………………………………… *68*
- 4.8 種々のモデル ……………………………………… *69*

5. 大学の効率性評価——データ包絡分析法 DEA *71*
- 5.1 問題設定 …………………………………………… *71*
- 5.2 効率性とパレート効率性 ………………………… *72*
- 5.3 一般的な記述 ……………………………………… *77*
- 5.4 入力指向モデルと出力指向モデル ……………… *87*
- 5.5 より妥当な適用を目指して ……………………… *89*

6. 大人数クラスの運営法——ゲーム理論 *92*
- 6.1 は じ め に ………………………………………… *92*
- 6.2 出席のとり方 ……………………………………… *93*
- 6.3 着 席 戦 略 ………………………………………… *97*
- 6.4 ゼロ和2人ゲーム ………………………………… *99*
- 6.5 混合戦略と均衡解 ………………………………… *102*
  - 6.5.1 J君のマクシミン戦略 ………………… *102*
  - 6.5.2 K教授のミニマクス戦略 ……………… *105*

目次

- 6.5.3 均衡点 *106*
- 6.6 ミニマクス定理 *107*
  - 6.6.1 プレーヤー J のマクシミン戦略 *107*
  - 6.6.2 プレーヤー K のミニマクス戦略 *108*
- 6.7 非ゼロ和 2 人ゲームとナッシュ均衡解 *110*

7. クラス編成法の決め方——投票の理論 *112*
- 7.1 はじめに *112*
- 7.2 単純多数決原理と固定数投票方式 *113*
  - 7.2.1 単記投票 *115*
  - 7.2.2 単記投票・上位 2 者決戦方式 *115*
  - 7.2.3 2 段階複記方式 *116*
- 7.3 順位評点法 (ボルダ法) *116*
- 7.4 アローの一般不可能性定理 *118*
- 7.5 認定投票 *121*
- 7.6 認定投票によるクラス編成法の決定 *123*
- 補足：一般不可能性定理の証明 *124*

8. オペレーションズ・リサーチの過去・現在・未来 ... *130*
- 8.1 時代の寵児 *130*
- 8.2 OR の曲り角 *132*
- 8.3 革命的新展開 *133*
- 8.4 最適化の時代 *135*

A. 線形計画法の概要 *139*
- A.1 線形計画問題 *139*
- A.2 基底解と辞書 *141*
- A.3 単体法 *143*
- A.4 2 段階単体法 *146*
- A.5 数値例 *147*
- A.6 双対理論 *150*

文　献 ………………………………………………… *153*
索　引 ………………………………………………… *155*

1 クラス編成問題
——線形計画法

1.1 問 題 設 定

　首都圏にある T 工大では，毎年新入生全員を対象とする「総合講義」が開講されてきた．これは，約 20 名の人文・社会科学系教官によって運営されているもので，その内容は「夏目漱石の世界」から，「世界の大思想家たち」，「西太平洋の時代と日本」，そして「数理決定法入門」に至るまでの広い範囲にまたがっている．また授業の形式も，少人数の討論形式から，大講義室を使ったマイク講義までさまざまである．

　年度初めの金曜日の朝，学生は教官総出演で行われる説明会を聞いたあと，第 3 志望までのクラスを記入した志望票を提出する．志望票はその日の午後に担当教官のところに運ばれ，クラス分けが始まる．クラス分けの条件は

(1) 各学生の志望は最大限尊重する．すなわち，各学生をなるべく上位の志望クラスに所属させる．また，どの学生も必ず第 3 志望までのクラスのいずれか一つ (だけ) に所属させる．

(2) 各教官によって設定されたクラス定員の枠を可能な限り守る．これが物理的に不可能な場合は，定員枠変更を可能な限り少なく済ませる．

(3) 教官の間の不公平を減らすため，所属学生数が定員枠を大幅に下回る"過疎クラス"が発生することは極力避ける．

(4) クラス編成は，月曜日の昼までに (つまり 72 時間以内で) 完了する．

　ある年度のクラス定員と学生のクラス志望のパターンを示したのが，表 1.1 である．学生の総数は 1,203 人で，12 クラス分の定員の総数は 1,400 人，したがって定員には約 200 人の余裕がある．第 1 志望は第 2，7，10 クラスに集中

表 1.1　クラス定員と志望者数

クラス	定員	第1志望	第2志望	第3志望	合計
1	50	75	98	103	276
2	40	112	92	83	287
3	30	27	29	49	105
4	20	12	18	22	52
5	40	46	46	50	142
6	30	23	42	61	126
7	60	130	114	107	351
8	200	98	117	155	370
9	250	71	175	157	403
10	230	457	241	162	860
11	200	33	72	91	196
12	250	119	159	163	441

しているので，少なくとも 400 人は第 1 志望のクラスからはみ出すことになる．しかし，第 3 志望まで見わたすとほどよく分散している．

　さて，上記の四つの条件のうちで最も重要なのは，(1) と (2) である．これだけでも決して楽な要求ではないが，この上に (3) と (4) が加わるので，問題はかなり複雑である．

　ところで，このような問題で頭を悩ましているのは，T 工大だけではないようである．実際，K 教授の知り合いのお嬢さんが通学している S 学園中等部でも，第 3 学年の 3 学期に開設されている「必修選択授業」において，同様な問題が発生している．

　この学校では約 250 人の生徒に，音楽，美術，工芸，書道，料理，洋裁などの 18 クラスの中から第 3 志望までのクラスを選ばせ，それをもとにクラス編成を行っているが，問題の構造は T 工大の場合とまったく同じである．また某シンクタンクでも，研究員のプロジェクト所属に関して，似たような問題を抱えているというから，この種の問題は世の中のあちこちに転がっているものと考えられる．

1.2 キートン法

　この章の目的は，上記の問題を，「数理的手法とコンピュータ」を使って効果的に解く方法を説明することである．そこでその有難味を際立たせるため，まずはまったく数理的手法に縁のない文系教官が採用してきた，「キートン法」を紹介しよう．

　まず第 1 ラウンドでは，各クラスごとに一つずつ全部で 12 個の箱を用意し，それらの箱の中にクラス番号を記入した定員分のポストイット・カード (このカードは何回でも貼ったりはがしたりできるので，この作業にはうってつけである) を入れる．ついで，学生の志望票を適当な順番で……たとえば学籍番号順に……取り出し，その学生の第 1 志望を調べる．

　もし第 1 志望の箱にカードが残っていれば，そのカードを志望票に貼り付け，第 1 志望の箱に納める．第 1 志望のカードが残っていないときは，第 2 志望を調べて上と同じ作業を行う．第 2 志望のカードが残っていないときは，第 3 志望を調べる……．このようにして，全員が第 3 志望までのクラスに納まれば作業は完了である．

　学生数 1,200 人に対して，クラス定員総数が 2,000 人分もあるような場合には，これでほとんど不都合は生じない．なぜなら こんな場合は，大半の学生が第 1 志望のクラスに入ることができるからである．しかし表 1.1 のような場合には，200 人を超える学生がどこにも所属できないことになる．

　第 2 ラウンドは，未所属学生の処遇である．再びこれらの学生を適当な順番で選び出し，その第 1 志望を見る．仮にそれがクラス A であるとしたとき，すでにクラス A に所属することが決まっていた学生の中から適当な学生を選び出し，その学生の志望クラスの中で，まだ定員に空きのあるクラスを探し出し，所属を変更してそのあとに未所属学生を収容する．この作業をすべての未所属学生に対して実行し，全員が第 3 希望までに納まれば作業完了である (ここまででたっぷり 4 時間はかかる)．

　これで問題が解決しないときは，無限ループが待っている (カードを貼ったりはがしたりする作業は，あたかも往年の喜劇役者バスター・キートンが，楽

譜と格闘する状況を連想させるので，この方法はキートン法と呼ばれている）．

とにもかくにも，未所属学生が 20〜30 人まで減ってくれれば，クラス分け担当教官は親しい同僚に電話をかけて，数名ずつの定員増を依頼して問題は決着する．しかし，未所属学生が 100 人を超えるような場合には，この交渉はかなり難航する．そして運が悪いと，クラス分け担当教官は，希望していない多数の学生を自分のクラスに受け入れざるを得ない状態に追い込まれるのである．

このような方法は時間がかかることはもちろん，次のような欠陥がある．

(a) 第 3 志望に回される学生が多い場合は，クラス所属変更の要求が多くなる．特にあるクラス (たとえばクラス A) への所属を強く希望していた学生が第 3 志望に回された場合，クラス A を第 2 志望に指定していたにもかかわらず，そのクラスに配属された学生がいるということがわかってしまうと，不満はかなり大きなものとなる．

(b) 学生のクラス所属は，その学生の志望票が抽出される順序に左右される．

(c) 同僚に定員増を依頼することが必要となる場合に，"そうする以外には解決方法がない" という根拠を明らかにすることができないため，説得が難航する．

(d) 定員増を要請された教官は，最終的にはその要請に応じる場合が多いが，この結果クラス運営にさまざまな不都合が生じる．

(e) 学生の志望のみを考慮したクラス編成なので，過疎クラスが発生して，教官の間に不公平感が生まれる場合がある．

そこで，クラス編成問題を抜本的に解決するために，K 教授のグループが採用した数理モデルを説明しよう．

1.3 天 下 り 法

まず問題を一般的に取り扱うために，次の記号を導入する：

n：学生の総数

m：クラスの総数

i：クラス番号 $(i = 1, \cdots, m)$

j：学籍番号 $(j = 1, \cdots, n)$

a_i：第 i クラスの定員

次に学生 j をクラス i に所属させるか否かを表す $m \times n$ 個の変数：

$$x_{ij} = \begin{cases} 1 & \text{学生 } j \text{ をクラス } i \text{ に所属させるとき} \\ 0 & \text{学生 } j \text{ をクラス } i \text{ に所属させないとき} \end{cases} \quad (1.1)$$

を導入する．そこで

  すべての学生がどれか一つだけのクラスに所属し，

  どのクラスも定員をオーバーしない   (1.2)

ためには，x_{ij} がどのような条件を満たす必要があるかを考えてみよう．

まず，学生 j がどれか一つのクラスに所属するためには，

$$x_{1j} + x_{2j} + \cdots + x_{mj} = 1 \quad (1.3)$$

が成り立たなくてはならない．また，第 i クラスが定員オーバーにならないためには，

$$x_{i1} + x_{i2} + \cdots + x_{in} \leqq a_i \quad (1.4)$$

が成り立たなくてはならない．以上より x_{ij} は

$$\left| \begin{array}{l} \displaystyle\sum_{i=1}^{m} x_{ij} = 1, \quad j = 1, \cdots, n \hfill (1.5) \\ \displaystyle\sum_{j=1}^{n} x_{ij} \leqq a_i \quad i = 1, \cdots, m \hfill (1.6) \\ x_{ij} = 0 \text{ または } 1, \quad i = 1, \cdots, m\,;\, j = 1, \cdots, n \hfill (1.7) \end{array} \right.$$

を満たす必要があることが示された．

一方，もし (1.5)〜(1.7) を満たす x_{ij} が与えられたとすると，どの j についても，$x_{1j}, x_{2j}, \cdots, x_{mj}$ のうちで 1 となるものは一つだけで，残りはすべて 0 となるから，条件 (1.2) が満たされる．これより，

  $x_{ij}(i=1,\cdots,m\,;\, j=1,\cdots,n)$ が条件 (1.2) を満たすための

  必要十分条件は，(1.5)〜(1.7) が成立することである． (1.8)

次のステップは，条件 (1.5)〜(1.7) を満たす x_{ij} の中で，学生の満足度を最大にするものを探すことである．このためには，学生の満足度をどのように評価するかが問題となる．そこでまず，作業の出発点となった「天下り法」を説明しよう．この方法は，

学生が第 1 志望のクラスに所属したときは 70 点

学生が第 2 志望のクラスに所属したときは 30 点

学生が第 3 志望のクラスに所属したときは 0 点

学生が第 3 志望までのクラス以外に所属したときは，マイナス 100 万点

として，すべての学生の得点の合計を最大化する方法である．第 1 志望，第 3 志望の得点をそれぞれ 70 点，0 点としたのは，(第 2 章で説明するとおり) 満足度の原点とスケールを決めるためのものである．ここで大事なことは

(1) 第 2 志望の満足度 (30 点) は，第 1 志望と第 3 志望の中間点よりやや低いところにある．

(2) 第 3 志望までに入れない学生が 1 人でも出ると，得点合計がマイナスになる (1 人以外のすべての学生が第 1 志望に入ったとしても，総得点は $1{,}202 \times 70 - 1{,}000{,}000 = -915{,}860$ である)

の 2 点である．

そこで

$$p_{ij} = \begin{cases} 70, & \text{学生 } j \text{ がクラス } i \text{ を第 1 志望としている場合} \\ 30, & \text{学生 } j \text{ がクラス } i \text{ を第 2 志望としている場合} \\ 0, & \text{学生 } j \text{ がクラス } i \text{ を第 3 志望としている場合} \\ -10^6, & \text{上記以外の場合} \end{cases} \quad (1.9)$$

とおくと，学生 j の得点は

$$\sum_{i=1}^{m} p_{ij} x_{ij}$$

と表現できる ($x_{1j}, \cdots, x_{mj}$ の中で，ただ一つが 1 で残りは 0 であることに注意)．したがって，すべての学生の合計得点は

$$\sum_{j=1}^{n} \sum_{i=1}^{m} p_{ij} x_{ij} \qquad (1.10)$$

と書けることになる．

以上より天下り法は，条件 (1.5)～(1.7) の下で式 (1.10) を最大化する問題：

$$\begin{array}{ll} \text{最大化} & \sum_{j=1}^{n}\sum_{i=1}^{m} p_{ij}x_{ij} \\ \text{条　件} & \sum_{i=1}^{m} x_{ij} = 1, \quad j=1,\cdots,n \\ & \sum_{j=1}^{n} x_{ij} \leqq a_i, \quad i=1,\cdots,m \\ & x_{ij} = 0 \text{ または } 1, \quad i=1,\cdots,m\,;\,j=1,\cdots,n \end{array} \quad (1.11)$$

と定式化される．

この問題は，「輸送問題」または「割当て問題」と呼ばれる「線形計画問題」の一種で，市販されている線形計画ソフトウェアを使えば，普通のパソコン上で1秒以下で，得点合計が最大となるクラス分けを求めることができる．

その解法の概略は後で説明することとして，まず計算結果 (表 1.2) を見よう．これで見ると，どのクラスも定員枠の範囲に納まっており，12 クラス中 9 クラスが満杯になっている．また，学生全体の 2/3 に相当する 800 人が第 1 志望に入っており，第 3 志望に回された者は 5% 以下にすぎない．このときの得点合

表 1.2　天下り法による所属 (70 : 30 : 0)

クラス	定員	第 1	第 2	第 3	合計	空き定員
1	50	50	0	0	50	0
2	40	40	0	0	40	0
3	30	27	3	0	30	0
4	20	12	8	0	20	0
5	40	40	0	0	40	0
6	30	23	7	0	30	0
7	60	60	0	0	60	0
8	200	98	61	10	169	31
9	250	71	107	22	200	50
10	230	230	0	0	230	0
11	200	33	39	12	84	116
12	250	119	117	14	250	0
合成	1,400	803	342	58	1,203	197

総得点 $\sum\sum p_{ij}x_{ij} = 66{,}470$ ($\sum\sum q_{ij}x_{ij} = 66{,}768$)

計は 66,470 点だから，1 人あたりの得点は 55.25 点である．70 点満点の配点方式を 100 点満点に換算しなおすと，約 80 点になる．

そこで次に，天下り法の得点配分を，70：30：0 から 60：40：0 に変更して，結果がどう変わるかを調べてみた．前の方法との違いは：

> 第 2 志望の満足度 (40 点) は，第 1 志望と第 3 志望の中間 (30 点) よりかなり高い

と考えているところにある．

すると，計算機は再び 1 秒もしないうちに，表 1.3 のような答えを打ち出してきたのである．この表では，全員が第 2 志望までに納まっている．

表 1.2 と見比べると，第 1 志望を 58 人分第 2 志望にまわすことによって，第 3 志望の 58 人を第 2 志望に持ち上げた結果になっている．この 58 人という数字は偶然の一致であるが，読者は表 1.2 と 1.3 のどちらのクラス分けを支持されるであろうか．ちなみに，表 1.3 のクラス分けに伴う得点合計は，63,020 点である．表 1.2 の結果に比べると 3,000 点の減少であるが，100 点満点に換算した得点は 88 点という好成績である．

表 1.3 天下り法によるクラス所属 (60：40：0)

クラス	定員	第 1	第 2	第 3	合計	空き定員
1	50	50	0	0	50	0
2	40	40	0	0	40	0
3	30	27	3	0	30	0
4	20	12	8	0	20	0
5	40	33	7	0	40	0
6	30	20	10	0	30	0
7	60	60	0	0	60	0
8	200	98	80	0	178	22
9	250	71	141	0	212	38
10	230	182	48	0	230	0
11	200	33	43	0	76	124
12	250	119	118	0	237	13
合計	1,400	745	458	0	1,203	197

総得点 $\sum\sum p_{ij}x_{ij} = 63{,}020$ ($\sum\sum q_{ij}x_{ij} = 63{,}447$)

1.4 自由配点法

前節で紹介した天下り法の長所は：

(a) きわめて短時間で，(天下り的ではあるが) "最適" なクラス編成ができる．なお，データのインプットに要する時間は，熟練した者で約5時間程度である．

(b) もし最大化した点数の合計がマイナスになれば，自信をもって担当教官に定員増を要求できる．全員を第3志望までに収容できるならば，得点合計の最大値は決して負にはならないからである．

(c) キートン法では，志望票の処理順序によって学生の運不運が左右されるが，この方法の場合その難点はやや軽減される．

このようなわけで，天下り法はキートン法より優れた方法として，大方の学生・教官の支持を得ることができたのである．なお，このモデルを採用して以来というもの，それまで30件を超えたクラス変更の要求は，4～5件程度へと激減した．学生のいうところによれば，わざわざ変更を申し出るのはよくよくの場合で，潜在的な不満学生は表面に出る数の5倍はあるとのことだから，実質的には150件が25件に減ったことになる．

さて，学期末に提出されるレポートに記された学生たちの不満を詳しく調べてみると，

「天下り配点法は封建的だ．特に自分の真剣な第1志望と，不真面目な学生のいい加減な第1志望が同じ扱いを受けるのは不当である」

「友人とまったく同じクラスを同じ順番で志望したにもかかわらず，自分は第3志望で友人は第1志望となっている」

「自分が第1志望からはねられたのに，そこを第2志望にした人がそのクラスに入っている」

というあたりに集中している．そこでK教授はこれらの不満を解消すべく，翌年度には「自由配点法」を採用することにした．この方法は，学生おのおのに持ち点100点を与えて，これを第1～第3志望に好きなように割り振ることを許す方法である．すなわち，第1志望クラス i_1，第2志望クラス i_2，第3志望

クラス i_3 を指定するとともに

$$q_{i_1j} + q_{i_2j} + q_{i_3j} = 100$$
$$q_{i_1j} \geqq q_{i_2j} \geqq q_{i_3j} \geqq 0 \tag{1.12}$$

を満たす三つの整数 $q_{i_1j}, q_{i_2j}, q_{i_3j}$ を志望票に記入してもらい，p_{ij} のかわりに

$$q_{ij} = \begin{cases} q_{i_1j}, & i = i_1 \\ q_{i_2j}, & i = i_2 \\ q_{i_3j}, & i = i_3 \\ -10^6, & \text{上記以外の場合} \end{cases} \tag{1.13}$$

とおいて，問題:

$$\begin{aligned} &\text{最大化} \quad \sum_{j=1}^{n} \sum_{i=1}^{m} q_{ij} x_{ij} \\ &\text{条 件} \quad \sum_{i=1}^{m} x_{ij} = 1, \quad j = 1, \cdots, n \\ &\qquad\qquad \sum_{j=1}^{n} x_{ij} \leqq a_i, \quad i = 1, \cdots, m \\ &\qquad\qquad x_{ij} = 0 \text{ または } 1, \quad i = 1, \cdots, m \,;\, j = 1, \cdots, n \end{aligned} \tag{1.14}$$

を解くのである．このようにすると，特定のクラスを強く希望する学生は，100：0：0，あるいは 90：10：0 のような配点を行うものと考えられる．一方，第 1，第 2 志望のいずれがいいかを決めかねる学生は，50：50：0 のような配点をするだろう．またどこでもいいという学生は，40：30：30 といった配点を行うのではないだろうか．

というわけで，この方式を用いれば学生の満足度がより高まるだろうというのが，K 教授の読みであった．この方法は天下り法に比べてデータ・インプットに要する手間が大幅に増加するという欠点があるが，計算に要する時間は同じである．

表 1.4 は 1,203 人の学生の配点パターン分布を，10 点刻みで集計したものである．パターン 1〜4 は「強い動機をもつ」グループ，パターン 10〜14 はいわ

1.4 自由配点法

表 1.4 学生の志望パターンによる分類

志望パターン	第1	第2	第3	学生数
1	100	0	0	405
2	90	10	0	196
3	80	20	0	88
4	80	10	10	37
5	70	30	0	66
6	70	20	10	115
7	60	40	0	30
8	60	30	10	90
9	60	20	20	7
10	50	50	0	37
11	50	40	10	41
12	50	30	20	53
13	40	40	20	17
14	40	30	30	21

ば「どうされても構わない」グループというのがわれわれの想定である.

表 1.5 は問題 (1.14) を解いた結果を表している. この結果を天下り法 (表 1.2) と比べると, 第1志望のクラスに所属する学生が約 20 人減少し, 第3志望にまわった学生が 100 人増えている. しかし, 学生の配点をもとに計算した合計点 $\sum\sum q_{ij}x_{ij}$ は, 表 1.2 では 66,768 点であるのに対して, 表 1.5 では 72,112 点となっている. つまり表 1.5 の方が, 学生の満足度が大きくなっていると考えられるのである.

これは第1志望が 50 点未満の,「どうなっても構わない」グループの学生が, 第2, 第3志望に回されたためである. ちなみに, 第1志望に 80 点以上の点をつけた「強い動機づけをもつ」学生は, すべて第1志望に配属される結果になった. 天下り法では, 第1志望への配点が 90 点以上だった数十名の学生が第2, 第3志望に回されたのと, 著しい対照を示している.

一方, 第3志望に回された 160 名の学生のうちで, 第3志望への配点が 5 点以下のものは 56 名である (この点は, 後日この方法の欠点として強い批判を受けることになった).

表 1.5 自由配点によるクラス分け

クラス	定員	第1	第2	第3	合計	空き定員
1	50	46	4	0	50	0
2	40	40	0	0	40	0
3	30	23	5	2	30	0
4	20	11	5	4	20	0
5	40	33	5	2	40	0
6	30	21	4	5	30	0
7	60	60	0	0	60	0
8	200	96	53	33	182	18
9	250	71	77	47	195	55
10	230	228	2	0	230	0
11	200	33	26	19	78	122
12	250	119	84	45	248	2
合計	1,400	781	265	157	1,203	197

総得点 $\sum\sum q_{ij} x_{ij} = 72{,}112$

1.5 自由配点法プラスアルファ

かくしてクラス編成は成功裡に終了したが，万一の場合を想定して自由配点法にいくつかの改善を施すことにした．

1.5.1 過疎クラス防止法

表 1.2，表 1.5 を見ると，いずれも第 11 クラスが定員の半数割れを起こしている．すでに述べたとおり，この場合教官の間に不公平感が生ずるので

　　　すべてのクラスは，定員の一定割合を充足しなくてはならない

という条件をモデルに追加することを考えよう．このためには，定員充足率を α としたとき

$$\sum_{j=1}^{n} x_{ij} \geqq \alpha a_i, \quad i = 1, \cdots, m \tag{1.15}$$

を追加して，問題

1.5 自由配点法プラスアルファ

$$
\begin{aligned}
\text{最大化} \quad & \sum_{i=1}^{m}\sum_{j=1}^{n} q_{ij}x_{ij} \\
\text{条　件} \quad & \sum_{i=1}^{m} x_{ij} = 1, \quad j=1,\cdots,n \\
& \alpha a_i \leqq \sum_{j=1}^{n} x_{ij} \leqq a_i, \quad i=1,\cdots,m \\
& x_{ij} = 0 \text{ または } 1, \quad i=1,\cdots,m \,;\, j=1,\cdots,n
\end{aligned}
\tag{1.16}
$$

を解けばよい．そこで，このモデルで $\alpha = 1/2$ とおいて解いたところ，表 1.6 のクラス分けが得られた．

この表を見ると，ちょうど 100 人が第 11 クラスに所属する結果となっている．表 1.5 に比べて得点合計は 24 点減少しただけだから，なかなかよい出来である．ところが，$\alpha = 3/4$ とおくと総得点は 1,300 点減少し，さらに $\alpha = 4/5$ とすると 10,000 点以上も減少するという悲惨な結果に陥ってしまった．

この結果，学生の満足度を著しく損なわないためには，$\alpha = 1/2$ 程度に設定するのが適当であることが確認された．

表 **1.6** 自由配点法によるクラス $(\alpha = 1/2)$

クラス	定員	第1	第2	第3	合計
1	50	46	4	0	50
2	40	40	0	0	40
3	30	23	5	2	30
4	20	11	5	4	20
5	40	33	5	2	40
6	30	21	3	6	30
7	60	60	0	0	60
8	200	97	50	31	178
9	250	71	75	42	188
10	230	228	2	0	230
11	200	33	34	33	100
12	250	119	78	40	237
合計	1,400	782	261	160	1,203

総得点 $\sum\sum q_{ij}x_{ij} = 72{,}088$

1.5.2 定員増加を考慮したモデル

学生数に比べてクラス定員に余裕がない場合には，第3志望までに学生を収容しきれない可能性がある．そこで K 教授は，学生の志望パターンを計算機上でランダムに発生させて，モデル (1.11) をくり返し解くシミュレーション実験を行った．その結果，

$$\text{クラス定員の総数} \geqq 1.1 \times \text{学生総数} \tag{1.17}$$

となっていれば，ほぼ確実に全員が第3志望までのクラスに収容できるという結果を得た．

しかし，学生の志望パターンは必ずしもランダムとは限らない．むしろ付和雷同的に，そのときのムードで特定のクラスに志望が集中することは大いに予想されるところである．極端なケースとして，すべての学生が同じ三つのクラスに集中すればとんでもないことになる．

したがって，教官サイドでは志望が適度に分散するよう戦略を巡らすことはもちろんであるが，万一の場合を考慮して，全員が第3志望までのクラスに収容できるための，定員増を最小にする方法をモデルの中に組み込むことにした．このため

$$u_i : \text{クラス } i \text{ で許容しうる最大の増加定員}$$

として，自由配点法を次のように拡張する．

$$P(t) \left| \begin{array}{l} \text{最大化} \quad \sum_{i=1}^{m} \sum_{j=1}^{n} q_{ij} x_{ij} \\ \text{条　件} \quad \sum_{i=1}^{m} x_{ij} = 1, \qquad j = 1, \cdots, n \\ \qquad\qquad \sum_{j=1}^{n} x_{ij} \leqq a_i + y_i, \quad i = 1, \cdots, m \\ \qquad\qquad \sum_{i=1}^{m} y_i \leqq t \\ \qquad\qquad 0 \leqq y_i \leqq u_i, \quad i = 1, \cdots, m \\ \qquad\qquad x_{ij} = 0 \text{ または } 1, \quad i = 1, \cdots, m \,;\, j = 1, \cdots, n \\ \qquad\qquad y_i \text{ は整数}, \quad i = 1, \cdots, m \end{array} \right. \tag{1.18}$$

1.5 自由配点法プラスアルファ

ここで y_i はクラス i の増加定員を表す変数で，t はその合計を表すパラメータである．問題 $P(t)$ を解いた結果，$\sum\sum q_{ij}x_{ij}$ の最大値が正の値をとる最小の t を t^* とすると，この t^* が "すべての学生が第3志望までに所属できるための最小の定員増" を与える．

さて，翌年のクラス定員と学生の志望パターンを表したのが表 1.7 である．学生数は前年 (表 1.1 参照) に比べて 89 人増えたのに対して，クラス定員は 70 人も減少している．定員の余裕はわずか 38 人，すなわち学生数の 3% にすぎない．かくして K 教授は定員増は不可避だと思っていた．

ところがパソコンは，1 分もたたないうちに表 1.8 のような結果を打ち出してきた．全クラスが定員内に納まったばかりでなく，1 人あたりの平均得点も前年度よりよくなっているという次第．そこで気をよくして，ついでに天下り法で解いてみたところ，表 1.9 のような結果が得られた (第 3 志望の人数で見る限りでは，こちらの方がよくなっている)．

これらの結果は，学生諸君の志望がほどよく分散してくれたお陰であるが，同時に「数理決定法」の威力を，関係者一同に強く印象づける結果ともなったのである．

表 1.7 クラス定員と学生の志望パターン (1991 年)

クラス	定員	第1	第2	第3	合計
1	40	87	58	59	204
2	50	85	96	97	278
3	30	94	95	109	298
4	30	12	28	17	57
5	40	76	57	50	183
6	40	12	19	30	61
7	80	138	106	112	356
8	210	270	215	177	662
9	200	108	182	180	470
10	200	62	101	125	288
11	200	229	212	204	645
12	210	119	123	132	374
合計	1,330	1,292	1,292	1,292	

表 1.8 自由配点法によるクラス編成 (1991 年)

クラス	定員	第1	第2	第3	合計
1	40	40	0	0	40
2	50	50	0	0	50
3	30	30	0	0	30
4	30	12	8	6	26
5	40	40	0	0	40
6	40	12	13	15	40
7	80	80	0	0	80
8	210	200	10	0	210
9	200	106	61	33	200
10	200	62	61	43	166
11	200	170	25	5	200
12	210	116	58	36	210
合計	1,330	918	236	138	1,292

総得点 $\sum\sum q_{ij}x_{ij} = 81{,}434$

表 1.9 天下り配点法による所属 70 : 30 : 0 (1991 年)

クラス	定員	第1	第2	第3	合計
1	40	40	0	0	40
2	50	48	2	0	50
3	30	30	0	0	30
4	30	12	18	0	30
5	40	40	0	0	40
6	40	12	16	2	30
7	80	80	0	0	80
8	210	189	21	0	210
9	200	101	99	0	200
10	200	62	89	21	172
11	200	172	28	0	200
12	210	119	91	0	210
合計	1,330	908	361	23	1,292

総得点 $\sum\sum p_{ij}x_{ij} = 68{,}860$, $\sum\sum q_{ij}x_{ij} = 74{,}431$

1.6 究極のクラス編成を目指して

K 教授は，自由配点法のパフォーマンスにかつてない満足感を味わい，これ

ぞ究極のクラス編成法と自画自賛した．K 教授は例年「数理決定法：キャンパスの OR」の講義約 3 コマを使って，このクラス編成法を説明してきたが，今回こそは学生諸君から完全な支持を得られるものと期待した．ところが，意外なことに約 20 名が次のような厳しい意見を寄せてきたのである．

"自分は先輩からこのクラス編成法のカラクリを聞いていたため，100：0：0 という配点を行って第 1 志望に入ることができた．しかし，第 1 志望と第 2 志望の間を揺れ動いた X 君は，50：50：0 と配点したため第 3 志望に回されてしまった．これはあまりにも気の毒ではないだろうか．"

表 1.4 のパターン 10 以下の学生を，"どうされても構わない" 学生と見なすという前提に問題があるという指摘である．いわれてみれば，パターン 12〜14 はともかく，パターン 7, 8, 10, 11 の 200 人近い学生の中には，相当数の "迷える子羊" が含まれている可能性が大きいのである．また学生たちはこちらが考えている以上に，第 3 志望クラスへの所属を嫌っているようでもあった．

この対策としては，天下り法の 60：40：0 配点に戻ることであるが，それには第 1 志望クラス所属学生数が少なくなるという欠陥がある…．などと思いながら膨大なレポートを読み進むうち，アッと驚く "究極のクラス編成法" を提案するレポートに遭遇したのである．

この提案は，あまりにも素晴らしいので種明かしは少し先に延ばして，まずこれ以外の面白い提案をいくつか紹介しておこう．

◎ 志望票に第 4 志望を設け，第 3 志望に回る学生の不満を軽減する．

× 志望を 3 クラスに限定せず，100 点を好きなだけ多くのクラスに配分させる．

× 志望に点数をつけさせるだけでなく，何故そのクラスを志望するか理由を書かせて，それを判断材料とする．

◎ 点数配分は 10 点刻みで十分なので，データ・インプットの手間を減らすため，クラス番号と表 1.4 の志望パターンを書かせる．これによって入力の手間は大幅に軽減される．

△ 仲がいい友人と一緒でありさえすれば，どこのクラスでもかまわないという志望を認める．

これらのうち，◎印をつけたものは素晴しい提案なので，早速採用することにした．×印は手間の割りにはメリットがないもの，△は面白いが"?"のつく提案である．では，究極のクラス編成とは，どのようなものであろうか？　それは

　　各学生は第1志望には必ず100点を配点し，第2志望，第3志望には
　　0以上100以下の点数を配点する

という方法である．

　この方法を採用すれば，自由配点法で50：50：0と配点した迷える子羊たちは躊躇することなく100：100：0と配点することができる．また，第1志望のみを強く希望する学生は，従来どおり100：0：0と配点すればいいし，どこでもいい学生は100：100：100と書けばいいという仕掛けである．一見するとこの配点法は，300点をもつ学生と100点しかもたない学生が混在するので，不公平なようにも見えるが，得点合計最大化モデルを解けば

　　どの学生も一つのクラスにしか所属できないので，結果的には
　　誰もが最大でも100点しか得られない

ことになり，実際には不公平は存在しなくなるのである．

　いわれてみれば当たり前のような提案ではあるが，"コロンブスの卵"にも匹敵する素晴らしいアイデアであり，これを提案した2人の学生には，100点満点のところ200点をつけてレポートを返却した次第である．

　かくしてその後は，

　　自由配点法 $100:X:Y:0$ (第1志望100点，第2志望X点，
　　　　　　　　　　　　　　第3志望Y点，第4志望0点)
　　過疎クラス防止オプション (最小定員充足率50%)
　　定員増オプション

にもとづく"究極のクラス編成"が実施されて大成功をおさめ，これによって数理決定法の名声は一段と高まったのである．しかしこれから先も，これを打ち破る"超究極のクラス編成法"を提案する学生が現れないとも限らない．「数理決定法」の醍醐味は，モデルと解法の改善によって，旧来の方法をあっという間に時代遅れのものとして葬り去ってしまうところにあるといったら，大げさすぎるとお叱りを受けるであろうか．

1.7 クラス編成問題の解法

長々とクラス編成問題について述べてきたが，最後に問題 (1.14) の解法の概略を説明してこの章を締め括ろう．

まず一番よく知られているのは，線形計画問題の一般解法である「単体法」を問題 (1.14) に当てはめた「飛び石法」と呼ばれる方法である (単体法の概略は p.143 に記した)．その第 1 段階 (フェーズ I) では，クラス定員枠を破らないようにしながら，学生全員を適当なクラスに振り分ける．このための方法としては，たとえば，

> キートン法の第 1 ラウンドを適用して学生の振分けを行い，第 3 志望までに入れない学生がいる場合には，それらの学生を (志望とかかわりなく) 空き定員のあるクラスに適当にはめ込む

という方法を使えばよい．このようにすると，クラス定員の総数が学生数を上回っていれば，すべての学生を定員枠の範囲でどこかのクラスに所属させることができるはずである．

第 2 段階 (フェーズ II) は，第 1 段階で得られた解を改善していくステップである．このためには，

> 何人かの学生を (うまく) 選び出し，それらの学生を (うまく) 円周上に並べて，図 1.1 のようにぐるりと一周クラスを入れかえる

ことによって合計得点をふやしていくのである．学生のグループをどう選んで，どの順番に並ばせれば得点合計がふえるかは，「単体法」のルールに従えば "容易に" 知ることができる．

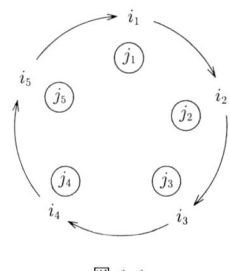

図 1.1

表 1.10

学生	入れかえ前のクラス所属	入れかえ後のクラス所属
j_1	i_1	i_5
j_2	i_2	i_1
j_3	i_3	i_2
j_4	i_4	i_3
j_5	i_5	i_4

そして，どのような学生のグループを選んでも，また彼らをどのように入れかえても得点合計を増加させることができなくなったところで計算終了である．

より効率的とされているのが，「プライマル・デュアル法」である．この方法は第 1 ステップで，第 1 志望に最も高得点をつけた学生を選び出し，その学生を第 1 志望クラスに所属させる (第 1 志望に最高点 100 点をつけた学生が多数いる場合は，誰でもいいから 1 人を選ぶ)．

第 k ステップでは，n 人中の $k-1$ 人の学生を定員枠内でクラス所属させる際の得点合計を最大にする学生 $j_1, \cdots, j_{k-1}$ と，その所属クラス $i_1, \cdots, i_{k-1}$ がわかっているものとする (たとえば $k = 100$ とすると，1,203 人の中から 99 人の学生を選び出すあらゆる組合せの中で，最も高い得点を生み出す 99 人と，そのクラス配属先がわかっているとするのである)．

第 k ステップでは，この組合せをもとにして，k 人の学生を定員枠内でクラス所属させる際の得点を最大化する学生 $j'_1, \cdots, j'_k$ と，その所属クラス $i'_1, \cdots, i'_k$ を求めるのである．

このためには，すでに所属の決まった $k-1$ 人はそのままにして，k 人目を新しいクラスに配属させるだけで済む場合もあれば，所属が決まっている学生の配属を変えることが必要となる場合もある．このプロセスはかなり込み入ったものであるが，うまく工夫すると少ない手間でこの目的を実現することができる．

このようにして，k を 1 から一つずつふやしていって，k が n に達したところで問題 (1.14) が解けるという仕掛けである．

2 入学試験合格者数決定問題
——多属性効用分析

2.1 問題設定

　世間ではほとんど知られていないことであるが，理工系大学の教官にとって，1月から3月末までの3カ月間は，民間企業のモーレツ社員に負けず劣らずのキツイ毎日の連続である．

　1月上旬の大学入試センターの試験に始まり，1ダース近い卒業論文と修士論文の指導と審査，年度末試験とその採点，研究費のスポンサーに対する報告書の作成，難解極まる博士論文の審査，そして大学の浮沈をかけた入学試験，間にはさまる会議・会議で，完全に手足を縛られた毎日が続くのである．

　しかし，入学試験の実施運営に関係する教官から見れば，K教授のような平教授の苦労などたかが知れたものらしい．入試の採点委員ともなれば，丸々1週間缶づめ状態で，1,000枚を超える答案を採点しなくてはならないし，合格者決定に携わるスタッフは，最終入学者が確定する4月初めまで気持ちの休まる暇はないという．

　その昔，入試制度が頻繁に変わる前の時代には，入学辞退者の割合は統計的に安定していたので，

$$合格者数 \times (1 - 辞退率) = 定員 + \alpha$$

の公式を当てはめれば，ほとんど問題は起こらなかった．しかし入試の多様化や少子化など社会情勢の激変によって，合格者数決定問題は著しく困難になった．

　T工大の場合も，以前「T工大定員割れか？」という見出しが新聞の一面に載って大騒ぎしたことがある．これは幸い誤報だったが，大学としては定員割

れは名誉にかけて避けたいことである．

ところが，定員割れを恐れるあまり合格者を多く出しすぎると，辞退者が少なかった場合にはクラス編成や実験設備，食堂などで大きな問題が発生する．こんなわけで，担当スタッフは「数理決定法」を用いて，最適な合格者数を決定する作業に当たるのであるが，うまくいってもともとであるだけに，これは割に合わない仕事の代表格といえるだろう．

入試に関するさまざまな問題は，大学の最高機密に属することなので，現在使われている方法を公表するわけにはいかない．そこで以下では，K教授がかつて助教授として勤めていたT大で用いた方法を紹介しよう．

当時のT大X学科の定員は80人だった．この学科では，定員の20%すなわち16人は，内申書と面接と小論文で合格者決定する．これら16人は高等学校推薦であるため，100%確実に入学するものと考えてよい．残りの64人は通常の試験による選抜である．

T大では補欠合格を認めていなかったので，X学科では定員割れを警戒して，数年にわたって定員を大幅に上回る合格者を出し続けた．このため実験担当の教官から，「教育に支障が生ずる」という苦情が相次いでいた．日頃からこの問題に頭を痛めていた入学試験の責任者であるM教授は，「数理決定法」や「OR」の専門家であるK助教授に，この問題の抜本的解決を依頼した．

2.2 期待効用最大化の原理

指名を受けたK助教授は，どうせやるならORの威力を示さんものと，「多属性効用分析」を用いて本格的な分析にあたった．この方法は，20世紀前半の数理科学界を代表する巨人，フォン・ノイマン (J.von Neumann) が編み出した大原則「期待効用最大化の原理」を，エンジニアのキーニー (R.Keeney) らが実用化したものである．

いま合格者数をn人としたとき，入学者がx人となる確率を$p_n(x)$と書こう．xはn以下の非負整数で

$$\sum_{x=0}^{n} p_n(x) = 1, \tag{2.1}$$
$$p_n(x) \geqq 0, \qquad x = 1, \cdots, n$$

を満たす．M 教授は入学者数 x が定員と一致したときに最高の満足を味わい，x が 80 を超えると次第に機嫌が悪くなる．一方，定員割れを起こすと大学が文科省からお叱りを受けるので，M 教授も大ショックを受けるが，定員割れが 1 名でも 3 名でもショックの大きさはあまり違わないという．

そこで，このような M 教授の満足度を数値化した「効用関数」を $U(x)$ と書くことにしよう．$U(x)$ は 0 と 1 の間の値をとる関数である．次に，(2.1) を満たす $p_n(x)$ と効用関数 $U(x)$ が与えられたものとして，n 人を合格させた場合の「期待効用」

$$u_n = \sum_{x=0}^{n} p_n(x) U(x) \tag{2.2}$$

を定義しよう．

ここでフォン・ノイマンの「期待効用最大化の原理」を当てはめると，「M 教授が合理的意思決定者であるならば，u_n が最大となる n を選択するのがベストである」という結論が導かれる．$p_n(x)$ と $U(x)$ をどう決めるかについては節を改めて述べることとし，ここで期待効用最大化の原理が成立するための条件を述べておこう．

まず起こりうるすべての入学者数の全体を X とする．受験者の総数を N 人とすると，X は N 以下の非負整数の全体とすればよい．次いで，x, y, z などの文字で X の要素を表すものとして，次の記号を導入する．

$$\begin{aligned} x \succeq y : & \quad y \text{ は } x \text{ よりもよいとはいえない} \\ x \sim y : & \quad x \succeq y \text{ であり } y \succeq x \text{ である} \\ x \succ y : & \quad x \succeq y \text{ であって } y \succeq x \text{ でない} \end{aligned} \tag{2.3}$$

公理 2.1 (弱順序公理) すべての $x, y, z \in X$ に対して (a)〜(c) が成立する．

(a) 反射律 $\quad x \sim x$

(b) 推移律 $\quad x \succeq y, \ y \succeq z$ なら $x \succeq z$ である． $\tag{2.4}$

(c) 連結律 $\quad x \succeq y$ または $y \succeq x$ の少なくとも一方が成立する． □

(a) と (b) に関しては説明の必要はないであろう．(c) はどの二つの要素 x, y も比較可能であることを要求している．

公理 2.2 (多様性公理) 結果の集合 X は，少なくとも四つ以上の互いに等価でないものを含む． □

定義 2.1 二つの結果 x と y が，確率 p および $1-p$ で生起する現象を

$$L_p(x, y)$$

と書き，これを "くじ" と呼ぶ． □

公理 2.3 (連続性公理) $x \succ y \succ z$ ならば

$$L_p(x, z) \sim y$$

を満たす $0 < p < 1$ が存在する． □

たとえば，

$$x = 80, \quad y = 83, \quad z = 86$$

とすると，M 教授の立場からはもちろん $x \succ y \succ z$ である．また $p = 0.9$ とすると，くじ $L_{0.9}(80, 86)$ では 80 人が実現する可能性が高いので

$$L_{0.9}(80, 86) \succ 83$$

となるであろう．一方，これとは逆に $p = 0.1$ とすると

$$L_{0.1}(80, 86) \prec 83$$

となるであろう．ところが p をうまく選ぶと

$$L_p(80, 86) \sim 83$$

とすることができるというのである．

公理 2.4 (独立性公理) $x \sim y$ なら任意の z と任意の $0 \leqq p \leqq 1$ に対して

$$L_p(x, z) \sim L_p(y, z)$$

が成立する． □

フォン・ノイマンがいうところの合理的意思決定者とは，以上の四つの公理を満足する人物のことをいう[*1]．そしてこの公理を満たす人物は，(2.2) で定義された期待効用 u_n を最大化するように行動するのが最良だというのである．

なお，以上の説明は合格者数決定問題に即して行ってきたが，期待効用最大化の原理を，より一般的な形で述べておこう．以下では $A_1, \cdots, A_n$ を任意の選択肢とし，X を選択の結果起こりうる結果の集合とする．

定理 2.1 (効用関数存在定理) 意思決定者の X の要素に関する選好関係は，公理 2.1〜2.4 を満たすものとする．このとき

$$x \succeq y \iff U(x) \geq U(y) \tag{2.5}$$

を満たす効用関数 $U : X \to R^1$ が存在する．また効用関数は，原点の選び方とスケールの選び方を除けば一意的に定まる[*2]． □

定理 2.2 (期待効用最大化の原理) 意思決定者の X の要素に関する選好関係は，公理 2.1〜2.4 を満たすものとする．また A_n を選択したとき $x \in X$ が生起する確率を $p_n(x)$ とする．このとき意思決定者は期待効用

$$u_n = \sum_{x=0}^{n} p_n(x) U(x)$$

を最大化する選択肢を選ぶのがベストである． □

2.3 アレの反例とその反例

期待効用最大化の原理については，古くからさまざまな反論がある．

たとえば連続性公理については，「x と z として極端なケースを想定すると，$x \succ y \succ z$ であっても $L_p(x,y) \sim y$ となる p が存在しないこともありうる」といった反論があるし，独立性公理についても，深遠な議論が積み重ねられて

[*1] 上の四つの公理はマルシャク (J.Marschak) の公理系と呼ばれるもので，フォン・ノイマンのそれとは若干異なっているが，本質的に両者は同等である．

[*2] 二つの異なる $U(x), V(x)$ が効用関数が存在する場合は，定数 $a > 0, b$ が存在して $V(x) = aU(x) + b$ と書けるということ．

いる．

そこで以下では，期待効用理論に対する反例として最もよく例に引かれる，経済学者アレ (M.Allais) の反例を紹介しておこう．

いま二つの壺 A と B があって，その中に 100 枚ずつのカードが入っているものとする．その内容は

A	100 万円	100 枚
B	500 万円	10 枚
	100 万円	89 枚
	空くじ	1 枚

となっており，読者はいずれか一方の壺を選ぶことができるものとする．次いで選んだ壺から 1 枚の券を取り出し，その券に表示された金額をもらえるものとしよう．このとき読者は，どちらの壺からくじを引くであろうか (よく考えてください)．

次に前のことは忘れて，以下の二つの壺 C，D に関して同じ質問をしてみよう．

C	100 万円	11 枚
	空くじ	89 枚
D	500 万円	10 枚
	空くじ	90 枚

このとき読者はどちらの壺を選ぶであろうか．期待効用最大化原理によれば，A を選んだ人は C を，B を選んだ人は D を選ばなくてはならないのである．なぜなら

$$u(500 \text{万円}) = 1, \quad u(100 \text{万円}) = \alpha, \quad u(0) = 0$$

とおき，壺 A，B，C，D の効用を u_A, u_B, u_C, u_D とすると

$$u_A = \alpha, \quad u_B = 0.1 \times 1 + 0.89\alpha$$

$$u_C = 0.11\alpha, \quad u_D = 0.1$$

となる．よって

$$A \succeq B \Leftrightarrow u_A \geqq u_B \Leftrightarrow 0.11\alpha \geqq 0.1$$
$$C \succeq D \Leftrightarrow u_C \geqq u_D \Leftrightarrow 0.11\alpha \geqq 0.1$$

となるから，$A \succ B$ で $D \succeq C$ とすると矛盾が発生するのである．

ところがアレは，大半の人間は $A \succ B$ であってしかも $D \succ C$ という判断を下すと主張した．これについては心理学者による多くの実験結果が報告されているが，最もよく知られているのは，スロビックとトベルスキー (Slovic-Tversky) による以下の実験結果である．

> 29 名の被験者のうち 17 名がアレの予想どおりの選好パターンを示した．そこで，期待効用最大化原理について解説したあと再び意見を求めたが，17 名全員が意見を変えなかった．

しかし，この実験結果を信じることができなかった K 教授は，大学教師になって以来，毎年この問題を学生に尋ねることにしてきた．この結果，T 大学 X 学科の学生の場合は，ほぼ 3 対 1 で期待効用最大化原理が支持され，T 工大と C 大理工学部においては，ほぼ 10 対 1 の割合でこの原理が支持されることが確認されている．しかも，期待効用最大化の原理を解説したあとで，アレの予想どおりに振る舞う学生は，当初の 1/3 に激減するのである．

この違いはどこからくるものかは，それ自体面白い研究対象になりうるが，フォン・ノイマンの理論は，理系人間にはよく馴染むということだろうか．

2.4 評価属性の抽出と一属性効用関数

最初に，考慮すべき合格者数 n の範囲を確定しよう．過去に一般入試の辞退率は 10% を越えたことはないが，万一の場合を考えてこれを 20% としても，100 人以上合格させることは無意味である．以上より

$$X = \{80 \text{ 以上 } 100 \text{ 以下の整数 }\} \tag{2.6}$$

とすればよいことがわかる．

2.2 節の理論によれば，学生数 x によって決まる効用関数 $U(x)$ が存在するはずであるが，以下では $U(x)$ を測定するための具体的手続きを説明しよう．

2.4.1 評価属性の抽出

第1ステップは，M教授の判断メカニズムに関するより立ち入った分析である．そもそもM教授は何を基準にして，入学人数xの良し悪しを判断しているのだろうか．これを確認するため，K助教授はM教授と話し合いを重ねた結果，次の二つの属性(要因)

$$F_1: \quad 教官1人あたりの卒業研究指導学生数 \\ F_2: \quad 学生数によって決まる事務量 \tag{2.7}$$

が重要な役割を果たしていることをつき止めた．そこで，これらの属性を数値で表すため

$$y_1: \quad 学生数/教官数 \\ y_2: \quad 1年間に費やされる事務処理の時間数 \tag{2.8}$$

を採用しよう．表2.1はxに対応するy_1, y_2の値を示したものである．

表 2.1

学生数 属性	65	68	71	74	77	80	83	86	89	92	95
y_1 (学生数/教官数)	2.17	2.27	2.37	2.47	2.57	2.67	2.77	2.87	2.97	3.07	3.17
y_2 (時間)	32.5	34.0	35.5	37.0	38.0	0	1.5	3.04	4.5	6.0	7.5

2.4.2 一属性効用関数

M教授の$y_j(j=1,2)$に関する選好関係が，2.2節の公理2.1～2.4を満たすものとし，y_jのとりうる値の範囲をY_jとすると，定理2.1によりy_jに関する効用関数$v_j: Y_j \to [0,1]$が存在する．v_jをy_iに関する一属性効用関数という．そこでv_1を例にとって，一属性効用関数を測定する手続きを説明しよう．

フォン・ノイマンの定理2.1より，v_1は原点の選び方と尺度の選び方に任意性があるので，考えうる最悪の$\underline{y}_1$と最良の水準$\bar{y}_1$を適当に設定して

$$v_1(\underline{y}_1) = 0, \quad v_1(\bar{y}_1) = 1 \tag{2.9}$$

2.4 評価属性の抽出と一属性効用関数

とおく．表 2.1 より $\underline{y}_1 = 4.0, \bar{y}_1 = 1.0$ とすれば，この目標は達成されるので，

$$Y_1 = [1.0,\ 4.0] \tag{2.10}$$

とする (以下では記述を簡単化するため，y_1 を y と書き v_1 を v と書く)．

次いで M 教授に対して，

　　$\underline{y}$ と $\bar{y}$ がそれぞれ 1/2 の確率で生起するくじ $L_{0.5}(\underline{y}, \bar{y})$ と等価
　　な y の水準 $y_{1/2}$ を教えてください

と尋ねることによって，くじ $L_{0.5}(\underline{y}, \bar{y})$ の「確実同値額」$y_{1/2}$ を決定する (公理 2.3 により，このような $y_{1/2}$ が存在することは保証されている)．

さて $y_{1/2}$ に対しては定理 2.2 より

$$\begin{aligned} v(y_{1/2}) &= E\big[v\big(L_{1/2}(\underline{y}, \bar{y})\big)\big] \\ &= (1/2)v(\underline{y}) + (1/2)v(\bar{y}) \end{aligned} \tag{2.11}$$

が成立する．したがって v は図 2.1 の三つの点 O, P, I を通ることがわかる．

これから先は，上と同じ手続きで $L_{1/2}(\underline{y}, y_{1/2})$ の確実同値額 $y_{1/4}$，$L_{1/2}(y_{1/2}, \bar{y})$ の確実同値額 $y_{3/4}$ などを次々と求めていくのである．

このプロセスをくり返して，2 次元平面上に 8〜16 個の点を求めた上で，多項式などの滑らかな曲線の当てはめを行い，v の形を決めてやるのである．M 教授の場合は v_1 は P と Q を通る直線，すなわち

$$v_1(y_1) = -0.5y_1 + 2.0, \quad y_1 \in Y_1 \tag{2.12}$$

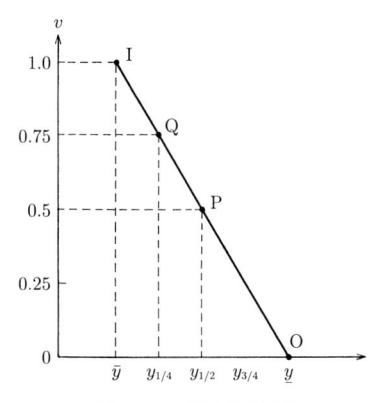

図 **2.1** 一属性効用関数

で十分よく表現できることが確認された．

同様の手続きを v_2 についても行った結果

$$v_2(y_2) = 0.000539 y_2^2 - 0.0454 y_2 + 0.968, \quad y_2 \in Y_2 = [0, \, 40] \tag{2.13}$$

とすればよいことが確認された．

2.5 多属性効用関数の決定

前節で述べたとおり，M 教授の効用関数 $U(x)$ は x に対応する y_1, y_2 の値によって決まるのであった．そこで，以下では $U(x)$ が前節で求まった二つの 1 次元効用関数によって

$$U(x) = f(v_1(y_1), v_2(y_2)) \tag{2.14}$$

と書けるものと仮定しよう．

定義 2.2 (効用独立性) $y_j{}^1, y_j{}^2 \in Y_j (j=1,2)$ に対して，図 2.2 のような 2 組の点 $P_j, Q_j (j=1,2)$ と P_j と Q_j がそれぞれ 1/2 の確率で生起する二つのくじ $L_{1/2}(P_j, Q_j)$ が与えられたとする．このとき，$\bar{y}_2 \in Y_2$ が存在して

$$L_{1/2}(P_1, Q_1) \text{ が } R_1 \text{と等価ならば}$$
$$L_{1/2}(P_2, Q_2) \text{ が } R_2 \text{と等価である} \tag{2.15}$$

が成立するならば，F_2 は F_1 と効用独立であるという． □

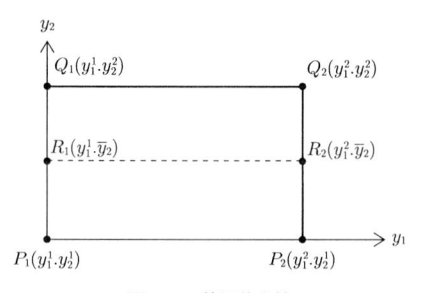

図 2.2 効用独立性

この条件を言葉でいえば,「y_2 に関する選好構造が, y_1 の水準とは無関係に決まる」ということになる (図 2.2 参照).

より具体的に述べれば,教官 1 人あたりの学生を 2 人に固定して

$$\text{``事務処理に要する時間が 20 時間''} \tag{2.16}$$

の場合と

$$\text{``事務処理に要する時間が 30 時間''} \tag{2.17}$$

の場合がそれぞれ 1/2 の確率で生起するくじが

$$\text{``事務処理に要する時間が 25 時間''} \tag{2.18}$$

と等価であるものとしたとき,教官 1 人あたりの学生数を 2 人とは別の水準に変更しても

(2.16) と (2.17) が 1/2 で生起するくじが (2.18) と等価になる

というのである.

定理 2.3 F_2 が F_1 と効用独立で, F_1 が F_2 と効用独立ならば,定数 k_1, k_2, k_3 が存在して

$$f(v_1, v_2) = k_1 v_1 + k_2 v_2 + k_3 v_1 v_2 \tag{2.19}$$

と書くことができる. □

上の定理 2.3 の条件が満たされるとき, F_1 と F_2 は互いに効用独立であるという.

次に定数 k_1, k_2, k_3 の決め方を説明しよう.このためには (y_1, y_2) の値を最良の水準に設定した場合,すなわち $v_1 = v_2 = 1$ であるときに $f = 1$ となるように

$$\sum_{j=1}^{3} k_j = 1 \tag{2.20}$$

という条件を課す.次に,

$$L_{1/2}(P_t, Q_t) \sim R_t \tag{2.21}$$

となるような点 $P_t, Q_t, R_t (t=1,2)$ を探し出し

$$\frac{1}{2}f(P_t) + \frac{1}{2}f(Q_t) = f(R_t) \tag{2.22}$$

なる関係から，k_j の間に成立する 1 次式関係を導く．たとえば，図 2.2 の P_1, Q_1, R_1 に対して (2.22) が成立するものとしよう．すると

$$f(P_1) = k_1 v_1(y_1) + k_2 v_2(y_2) + k_3 v_1(y_1) v_2(y_2) \tag{2.23}$$

であるが，1 次元効用関数 v_1, v_2 は前節の手続きをすでに得られているので，これは k_1, k_2, k_3 に関する 1 次式となっている．同様にして $f(Q_1), f(R_1)$ も k_1, k_2, k_3 に関する 1 次式となるので，これらの式を (2.22) に代入すると，$k_j (j=1,2,3)$ に関する連立 1 次方程式が導かれる．

したがって，(2.22) を満たす 2 組の点が見つかれば，(2.20) と (2.23) を連立させた 1 次方程式を解くことにより，k_1, k_2, k_3 が決まる．なお，このような 2 組の点を求めるには，P_j, Q_j を適当に選んで，$L_{1/2}(P_j, Q_j)$ と等価な点を M 教授に指定していただけばよい．

説明が長くなったが，M 教授との共同作業によって，定理 2.3 の仮定が満たされていることが確認され，その結果効用関数：

$$\begin{aligned} U(x) &= f(v_1, v_2) \\ &= 0.67 v_1(y_1) + 0.58 v_2(y_2) - 0.32 v_1(y_1) v_2(y_2) \end{aligned} \tag{2.24}$$

が得られた．

表 2.2

学生数 効用	65	68	71	74	77	80	83	86	89	92	95
v_1	0.90	0.85	0.80	0.75	0.70	0.65	0.60	0.55	0.50	0.45	0.40
v_2	0.06	0.05	0.04	0.03	0.02	0.97	0.90	0.84	0.78	0.72	0.66
U	0.71	0.67	0.64	0.60	0.55	0.84	0.78	0.73	0.69	0.65	0.59

2.6 確 率 計 算

次に n 人の合格者に対して，x 人が入学する確率の計算法について説明しよう．まず推薦入学の 16 人は確実に入学するので，その分を差し引いて

$$n' = n - 16$$

とする．最も手軽な方法は，n' 人の一般入試合格者が独立に振る舞い，その入学率 p が一定であると仮定する方法である．よく知られているとおり，このとき n' 人中 x 人が入学する確率は 2 項分布

$$p_n(x) = \binom{n'}{x} p^x (1-p)^{n'-x} \tag{2.25}$$

に従う．念のためにその理由を書けば，n' 人のうちある特定の x 人が入学する確率は (すべての学生の行動が独立なので)

$$\underbrace{p \cdots p}_{x \text{ 人}} \underbrace{(1-p) \cdots (1-p)}_{(n'-x) \text{ 人}} = p^x (1-p)^{n'-x} \tag{2.26}$$

となるが，n' 人のうち x 人を選ぶ組合せの数は $\binom{n'}{x}$ なので (2.25) が得られるという次第である．

T 大 X 学科は当時新設されて間もない学科であったため，データの蓄積は不十分だった．そこで過去 5 年の入学率の平均である $p = 0.9$ を用いて $p_n(x)$ を求め，前節で計測した $v_j(y_j)(j = 1, 2)$ を用いて u_n を計算したところ，表 2.3 が得られた (図 2.4 参照)．

このグラフから，期待効用 u_n が最大となる n は 89 または 90 であることがわかる．16 人の推薦入学者を差し引くと，一般入試では 73～74 人をとればよい．一般入試の辞退率が 10% の場合，平均的には 66 人が入学するはずだから，

表 2.3

n	85	86	87	88	89	90	91
u_n	0.633	0.600	0.678	0.737	0.752	0.751	0.732

図 2.3　M 教授の効用関数

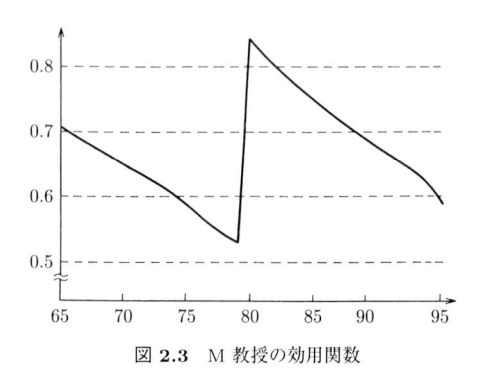

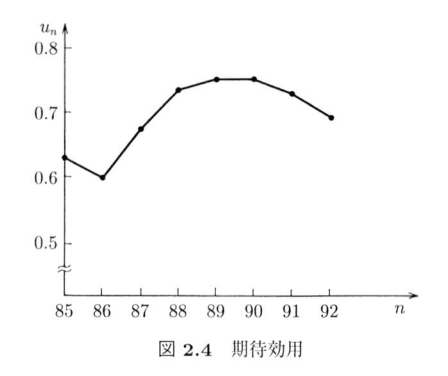

図 2.4　期待効用

全体的には 2〜3 名の定員オーバーとなる計算である．これは 79 人のところに深い谷がある効用関数のグラフ (図 2.3) から見て，妥当な結果といえるのではないだろうか．

K 助教授はこのほかに辞退率が 1% 増えるたびに，最適な合格人数が 1 人ずつ増加するという結果も併せて報告した．この報告を受けた M 教授は，辞退率が多少増加した場合のリスクを考慮した上で，$n = 90$ を採択したのであった……．　　　新設大学ながら，キャンパスの広さや設備の充実ぶりで，全国的に知名度を上げつつあった T 大 X 学科には，この年定員を 5 名上回る 85 名が入学手続きを行った．もともと 3 名オーバーは計算に織り込みずみだから，5 名の定員超過はまずまずの結果だと K 助教授は考えた．

ところが，この数字はたまたまその前の年度とまったく同じだったため，実験担当の教官から，"OR は何の役にも立たない"と酷評される結果になってし

まった．そして K 助教授はこの結果が明らかになるのと前後して T 工大に転出したため，それ以後この方法は T 大 X 学科では 2 度と使われずに終わったのである．

しかしいまでも K 教授は，ここでの分析結果は捨てたものではないと考えている．仮に再度この問題に挑戦する機会が与えられれば，上で述べた確率計算を次節で述べるより精密なものに置き換えて，この方法を採用するだろう．

2.7　より精密な確率計算

前節の確率計算には，すべての学生の辞退率が一定であるという単純なモデルを利用した．これはデータが十分に蓄積されていなかったため，やむを得ずにとった措置であるが，豊富なデータがあれば，より精密な分析を行うことができる．

いま n 人の合格者が，入学率の異なる K 個のグループ $G_k (k=1,\cdots,K)$ から構成されているものとし，G_k に属する学生数を n_k その入学率を p_k としよう．また X_k をグループ G_k に所属する入学者とすると，

$$P_r\{X_k = x_k\} = \binom{n_k}{x_k} p_k^{x_k}(1-p_k)^{n_k-x_k} \tag{2.27}$$

となる．そこでこの式の右辺を $f_k(x_k)$ とおき全入学者数を X とすると，

$$P_r\{X = x\} = \sum_{x_1+\cdots+x_n=x} f_1(x_1)f_2(x_2)\cdots f_k(x_k) \tag{2.28}$$

と書くことができる．この式の右辺を直接計算するには，かなりの手間がかかる．ところが

定理 2.4　$n_k(k=1,\cdots,K)$ が十分大きなときは，X は近似的に平均が $\sum_{k=1}^{K} n_k p_k$，分散が $\sum_{k=1}^{K} n_k p_k(1-p_k)$ の正規分布に従う．　□

という定理を用いると

$$m = \sum_{k=1}^{K} n_k p_k, \qquad \sigma^2 = \sum_{k=1}^{K} n_k p_k(1-p_k)$$

とすれば，

$$p_n(x) \approx \frac{1}{\sqrt{2\pi}\sigma} \int_{x-1/2}^{x+1/2} \exp\left(-\frac{(z-m)^2}{2\sigma^2}\right) dz \qquad (2.29)$$

で十分よく近似できるのである．この右辺は正規分布表から簡単に求められるので，期待効用 u_n の計算は前節とほとんど同じ手間で行うことができる．なお p_k があまり 0 や 1 に近くない場合，$n_k \geqq 30$ であれば，(2.29) は十分よい近似値を与えられることが知られている．

　私立大学の場合，センター試験のスコアや入学試験の得点と入学率の間に高い相関があり，これらの数値が高い学生ほど入学率が低くなる．この事実を利用して，入試のスコア分布をもとに学生をいくつかのグループに分けてやると，そのグループ内の学生入学率が精度高く推定できる．

3 就職先選択問題
――階層分析法 AHP

3.1 問 題 設 定

　進学，結婚と並び，人生の大きな節目と目される就職．かつてほどではないにしても，日本では依然長期雇用の傾向が強いため，学生にとって「新卒採用」獲得にかける必死さは (悲しいかな) 大学での勉学にかけるそれの比ではない．実際，就職協定が廃止されて以降，採用活動の前倒しが進んだ上に，経済状況が厳しい昨今，就職活動 (就活) の長期化が問題となっている．特に理工系学生にとって就職活動の長期化は深刻な問題である．就職活動が思うようにいかず長引くと卒業論文や修士論文の取組みに深刻な影響を及ぼす．ここでは，K 教授の研究室に所属する M 君が，就職活動前にどのような企業を対象にして就職活動を行うべきか考えたケースを紹介しよう．

　企業の絞り込みにはいろいろなアプローチが考えられるが，ここでは M 君が所属する経営システム工学科の学生が興味をもちそうな分野をそれぞれ代表して，表 3.1 の六つの企業から就職活動の対象としうる企業の選択を考えよう．

表 3.1　評価対象企業

企業	従業員数 (人)	平均年齢 (歳)	平均年収 (万円)
C_1 : M 商事	6,276	42.9	1,301
C_2 : Z 銀行	19,518	35.6	664
C_3 : N 総合研究所	5,597	37.3	1,140
C_4 : T 自動車	70,355	37.9	710
C_5 : B 電機	35,210	40.8	745
C_6 : IT 企業 O	1,554	33.4	704

3.2 評価要因の木と基礎データ

階層分析法 (AHP, Analytic Hierarchy Process) は，サーティ (T.Saaty) によって考案されたもので 2.2 節で紹介した多属性効用分析と並ぶ，"複数の選択肢"の中から最良のものを選び出すための方法である．

多属性効用分析の方は，効用理論を土台として精密に組み立てられているので，それを使いこなすにはかなりの熟練と時間を要するが，階層分析法は厳密さを追わず，使いやすさに重点をおいた方法である．どちらを使うべきかは，分析の目的，利用可能なデータ，問題分析に投入できる時間や費用などによって異なるが，個人の好みに負う部分も大きい．両者の違いをたとえていえば，オフィス・アプリケーション満載のハイスペック・ラップトップ PC と，通信機能に焦点を絞ったネットブックということになるであろうか．

さて，階層分析法の第 1 ステップは，多属性効用分析の場合と同様，選択肢の総合評価に影響を及ぼす評価要因を列挙することである．就職活動先企業の選択については，多少の検討の結果，次の五つの要因を考えることにした．

F_1：就活の費用対効果 $\cdots$ 採用される可能性の大きさ，就職活動の費用対効果
F_2：社会的評判 $\cdots$ 会社の信用，認知度，目下の業績，将来性の高さ
F_3：業務内容 $\cdots$ 仕事内容と興味・専門性との一致
F_4：待遇の充実 $\cdots$ 給与，福利厚生
F_5：勤務地 $\cdots$ どこに勤めるか，転勤・海外勤務・留学機会の有無

ここで F_1〜F_4 はいずれも大きければ大きいほどよいと考えられるものであるが，F_5 は評価する人によって捉え方が正反対になることが容易に想像できる．たとえば，なるべく故郷にいる両親の近くで住みたいと思う人は，故郷近くの固定的な勤務地が実現される企業を好むだろうし，逆に海外でのノマド的生活に憧れる人は，海外勤務が多そうな企業を好むであろう．したがって，この要因は分析者によってその意味が異なるものである．このように，一見するとその要因の方向性が定まっていなくても使えてしまう柔軟さが，AHP の魅力の一つでもある．

次のステップは，これらの「評価要因の木」を構成することである．最も単

3.2 評価要因の木と基礎データ

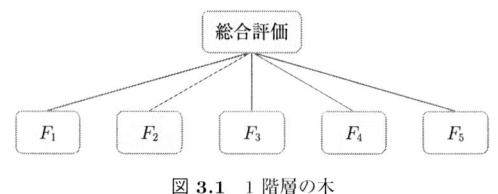

図 3.1 1 階層の木

純な木は，上の五つの要因を並列した図 3.1 のような木である．

一方，ここで要因 F_5 を「転勤の有無」「海外勤務の有無」「留学機会の有無」の三つの要因に分解して，図 3.2 のような 2 階層の木を構成することができる．あるいは，要因の構造そのものは図 3.1 のままにして，図 3.3 のように，分析者自身以外の評価する視点を導入することも可能である (この例については後で述べる)．

複雑な意思決定問題を考える際には，どのように「評価要因の木」を構成するかが重要なポイントであるとされている．そのためのガイドラインは以下のとおりである：

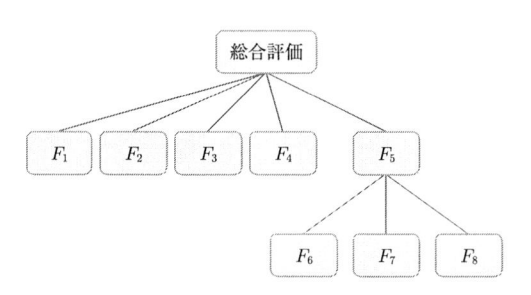

図 3.2 2 階層の木

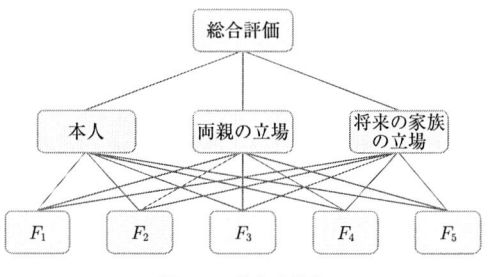

図 3.3 異なる視点

(1) 同一階層に位置する要因相互の重要度には決定的な差がないこと
(2) 木の先端に位置する要因に関して，選択肢 (上記の問題の場合は就活先企業) の相対的優劣を判断することがそれほど難しくないこと
(3) 階層数は多くても三つ程度にとどめること

図 3.3 のような 2 階層の木の取扱いについては後で簡単に触れることにして，とりあえずは以下で図 3.1 の木をもとに検討を進めよう．

細かい点は次節以降で順次説明することにして，ここで階層分析法の概略を述べておこう．

(1) 重要度決定プロセス： 選択肢 $C_1, \cdots, C_6$ の総合評価を行うにあたって，評価要因 $F_1, \cdots, F_5$ のそれぞれが，相対的にどれだけ重要であるかを表す非負の重要度係数 $w_1, \cdots, w_5$ を求める．ただし，$\sum_{i=1}^{5} w_i = 1$ を満たす．

(2) 選択肢の要因別評価： 評価要因 F_i に関して，各選択肢 $C_1, \cdots, C_6$ が相対的にどれだけ優れているかを表す相対評点 $f_{i1}, \cdots, f_{i6}$ を求める．ただし，$\sum_{j=1}^{6} f_{ij} = 1$ を満たす．これを各要因 $i = 1, \cdots, 5$ について行う．

(3) 総合得点の評価： 各選択肢 C_j の総合得点 s_j を，評点の加重和として次の式で決定する $(j = 1, \cdots, 6)$：

$$s_j = w_1 f_{1j} + w_2 f_{2j} + w_3 f_{3j} + w_4 f_{4j} + w_5 f_{5j} \tag{3.1}$$

そして s_j が最大である選択肢 C_j を最良の選択肢とする．

図 3.4 はこのプロセスを図解したものである．このように書くと誰でも思い

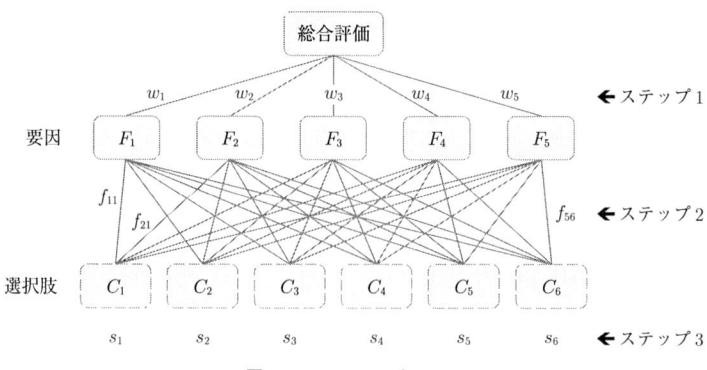

図 **3.4** AHP のプロセス

つきそうな方法であるが，ユニークなところは，重要度 w_i と相対評価点 f_{ij} の決め方である．

3.3　重要度の決め方

一般に m 個の評価要因 $F_1, F_2, \cdots, F_m$ が与えられた場合，二つの要因 F_p と F_q の重要度を比較して定数 α_{pq} を次のように定義する：

$$\alpha_{pq} = \begin{cases} 1 & F_p \text{と} F_q \text{の重要度に差がないとき} \\ 3 & F_p \text{の方が} F_q \text{より "やや重要" なとき} \\ 5 & F_p \text{の方が} F_q \text{より "かなり重要" なとき} \\ 7 & F_p \text{の方が} F_q \text{より "ずっと重要" なとき} \\ 9 & F_p \text{の方が} F_q \text{より "決定的に重要" なとき} \end{cases} \quad (3.2)$$

また，"やや重要" と "かなり重要" の中間である場合は，3 と 5 の中間の 4 を用いてもよいことにする．上の逆の場合に対しては

$$\alpha_{pq} = \begin{cases} 1 & F_q \text{と} F_p \text{の重要度に差がないとき} \\ 1/3 & F_q \text{の方が} F_p \text{より "やや重要" なとき} \\ 1/5 & F_q \text{の方が} F_p \text{より "かなり重要" なとき} \\ 1/7 & F_q \text{の方が} F_p \text{より "ずっと重要" なとき} \\ 1/9 & F_q \text{の方が} F_p \text{より "決定的に重要" なとき} \end{cases} \quad (3.3)$$

と定義し，中間的な場合は 1/4 といった評価を許すものと約束する．

こうすると全部で m^2 個の定数 α_{pq} が決まる．定義から明らかに，すべての p, q に対して $\alpha_{pp} = 1, \alpha_{qp} = 1/\alpha_{pq}$ が満たされるので，実際に測定する必要があるのは m^2 個の要素の約半数である．

M 君はこの取決めに従って五つの要因について比較を行い，次のような結果を得た．

$$A = \begin{pmatrix} 1 & 1/2 & 1/6 & 1/5 & 5 \\ 2 & 1 & 1/5 & 1/4 & (6) \\ 6 & 5 & 1 & 3 & 9 \\ 5 & 4 & [1/3] & 1 & 7 \\ 1/5 & 1/6 & 1/9 & 1/7 & 1 \end{pmatrix} \qquad (3.4)$$

( ) を付した第 2 行第 5 列要素 α_{25} は 6 となっているが,これは F_2 (社会的評判) が F_5 (勤務地) に比べて明確に ("かなり" と "ずっと" の中間) 重要であることを意味している.また,[ ] を付した $\alpha_{43} = 1/3$ は F_3 (業務内容) が F_4 (待遇の充実) に比べてやや重要であることを表している.

仮定 3.1 α_{pq} は,F_p の重要度 w_p と F_q の重要度 w_q の比 w_p/w_q の近似値を与えるものである. □

この仮定の妥当性については文献 [13, 14] に譲ることにして,これを認めると (3.4) の行列 A は

$$P = \begin{pmatrix} 1 & w_1/w_2 & w_1/w_3 & w_1/w_4 & w_1/w_5 \\ w_2/w_1 & 1 & w_2/w_3 & w_2/w_4 & w_2/w_5 \\ w_3/w_1 & w_3/w_2 & 1 & w_3/w_4 & w_3/w_5 \\ w_4/w_1 & w_4/w_2 & w_4/w_3 & 1 & w_4/w_5 \\ w_5/w_1 & w_5/w_2 & w_5/w_3 & w_5/w_4 & 1 \end{pmatrix}$$

の近似行列となっているはずである.P はその特別な構造から

$$P \begin{pmatrix} w_1 \\ w_2 \\ \vdots \\ w_5 \end{pmatrix} = 5 \begin{pmatrix} w_1 \\ w_2 \\ \vdots \\ w_5 \end{pmatrix} \qquad (3.5)$$

という関係を満たしている.そこで,$A \approx P$ であることを根拠に $(w_1, \cdots, w_5)$ は次の方程式

3.3 重要度の決め方

$$A \begin{pmatrix} w_1 \\ w_2 \\ \vdots \\ w_5 \end{pmatrix} = \alpha \begin{pmatrix} w_1 \\ w_2 \\ \vdots \\ w_5 \end{pmatrix} \quad (3.6)$$

を満たすものと考えようというのである.

ここで線形代数学の教科書を紐解くと, (3.6) を満たす α と, $(w_1, \cdots, w_5)$ は, それぞれ行列 A の固有値, 固有ベクトルと呼ばれるものであることがわかる. 一般に, 5×5 の行列には 5 個の固有値と, それらに対応する 5 本の固有ベクトルが存在する.

定理 3.1 (ペロン–フロベニウスの定理) すべての成分が非負である $m \times m$ 行列の m 個の固有値のうちで絶対値が最大のものを λ とし, それに対応する固有ベクトルを $\boldsymbol{w} = (w_1, \cdots, w_m)^\top$ とすると, λ は非負実数であり, かつ, $w_1 \geqq 0, \cdots, w_m \geqq 0$ を満たすものが存在する. □

式 (3.2) および (3.3) より, (3.4) の行列 A のすべての成分は正である.

〔重要度 $w_1, \cdots, w_m$ の決め方〕

A の絶対値最大の固有値 α とそれに対応する固有ベクトルを $(v_1, \cdots, v_m)$ としたとき

$$w_i = v_i \bigg/ \sum_{j=1}^{m} v_j, \ \ i = 1, \cdots, m$$

とする. 定理 3.1 より, $w_i \geqq 0 \ (i = 1, \cdots, m)$ で, $\sum_{i=1}^{m} w_i = 1$ が満たされることは明らかであろう.

α と $\boldsymbol{w} = (w_1, \cdots, w_m)^\top$ の計算法としてよく知られているのは, "固有方程式" を解く方法であるが, これには結構手間がかかる. 一方, ここで紹介するベキ乗法は, 行列とベクトルの掛け算の規則を知っている人なら, 誰でも簡単に計算できる方法である.

〔ベキ乗法〕

1. $\sum_{i=1}^{m} u_i^0 = 1$ を満たす非負定数 $u_i^0, i = 1, \cdots, m$ を選び $\boldsymbol{u}^0 = (u_1^0, \cdots, u_m^0)^\top, k = 1$ とする.
2. $\boldsymbol{v}^k = A\boldsymbol{u}^{k-1}$ を計算し, $\alpha_k = \sum_{i=1}^{n} v_i^k$ とする. $u_i^k = v_i^k / \alpha_k, \ i =$

$1, \cdots, m$ とおく.

3. $|u_i^{k-1} - u_i^k| \leqq \varepsilon$, $i = 1, \cdots, m$ なら $\alpha = \alpha_k, w_i = u_i^k, i = 1, \cdots, m$ として終了. そうでないときは $k \leftarrow k+1$ として 2. に戻る.

最近では,このようなアルゴリズムを自分で 0 から組まなくても,固有値計算などの基本的行列演算のコマンド (関数) が,はじめから備わっている数値計算ソフトウェアが簡単に利用可能である.

そのようなソフトウェアの一つである MATLAB の固有値計算コマンドを用いて,M 君の行列 (3.4) に対してウェイトと固有値を計算したところ,

$$w = (0.0790, 0.1156, 0.4945, 0.2812, 0.0297)^\top$$
$$\alpha = 5.3742$$

という結果が得られる.

これで見ると,M 君にとっては F_3「業務内容」のウェイトが抜群に高いことがわかる.これに比べると F_1「就活の費用対効果」や F_5「勤務地」は 1 ケタ重要度が小さくなっている. F_1「就活の費用対効果」のウェイトが低いのは,厳しい就職環境を考えれば,可能性にかかわらず就職活動の手数を増やすことは厭わないということであろうか.

3.4 相対評点の決め方と総合評価

次は n 個の選択肢 $C_1, \cdots, C_n$ が,評価要因 F_i に関して,相対的にどの程度優れているかを示す相対評点 $f_{i1}, \cdots, f_{in}$ を決めるステップである.

このため F_i に関する C_j と C_k の比較を行い,次のようにして β_{jk}^i を決定する:

3.4 相対評点の決め方と総合評価

$$\beta^i_{jk} = \begin{cases} 1 & F_i\text{に関して}C_j\text{と}C_k\text{は有意差なし} \\ 3 & F_i\text{に関して}C_j\text{の方が}C_k\text{よりややよい} \\ 5 & F_i\text{に関して}C_j\text{の方が}C_k\text{よりかなりよい} \\ 7 & F_i\text{に関して}C_j\text{の方が}C_k\text{よりずっとよい} \\ 9 & F_i\text{に関して}C_j\text{の方が}C_k\text{より決定的によい} \\ 2,4,6,8, & \text{上の中間の場合} \\ 1/2 \sim 1/9, & \text{上と逆の場合} \end{cases} \quad (3.7)$$

この結果 n^2 個の定数 β^i_{jk} $(j=1,\cdots,n; k=1,\cdots,n)$ が決まる.そこでこれらを成分とする $n \times n$ 行列

$$\boldsymbol{B}_i = \begin{pmatrix} \beta^i_{11} & \cdots & \beta^i_{1n} \\ \vdots & & \vdots \\ \beta^i_{n1} & \cdots & \beta^i_{nn} \end{pmatrix}, \quad i=1,\cdots,m$$

を定義しよう.M 君が就職活動に関して行った測定結果は以下のとおりである.

$$\boldsymbol{B}_1 = \begin{pmatrix} 1 & 2 & 2 & 6 & 4 & \frac{1}{2} \\ \frac{1}{2} & 1 & 1 & 4 & 3 & \frac{1}{3} \\ \frac{1}{2} & 1 & 1 & 4 & 3 & \frac{1}{3} \\ \frac{1}{6} & \frac{1}{4} & \frac{1}{4} & 1 & \frac{1}{2} & \frac{1}{7} \\ \frac{1}{4} & \frac{1}{3} & \frac{1}{3} & 2 & 1 & \frac{1}{5} \\ 2 & 3 & 3 & 7 & 5 & 1 \end{pmatrix} \quad \boldsymbol{B}_2 = \begin{pmatrix} 1 & 1 & 3 & \frac{1}{2} & 4 & 5 \\ 1 & 1 & 3 & \frac{1}{2} & 4 & 5 \\ \frac{1}{3} & \frac{1}{3} & 1 & \frac{1}{4} & 2 & 4 \\ 2 & 2 & 4 & 1 & 5 & 7 \\ \frac{1}{4} & \frac{1}{4} & \frac{1}{2} & \frac{1}{5} & 1 & 2 \\ \frac{1}{5} & \frac{1}{5} & \frac{1}{4} & \frac{1}{7} & \frac{1}{2} & 1 \end{pmatrix}$$

$$\boldsymbol{B}_3 = \begin{pmatrix} 1 & \frac{1}{8} & \frac{1}{6} & \frac{1}{3} & \frac{1}{3} & \frac{1}{6} \\ 8 & 1 & 2 & 4 & 4 & 2 \\ 6 & \frac{1}{2} & 1 & 3 & 3 & 1 \\ 3 & \frac{1}{4} & \frac{1}{3} & 1 & 1 & 3 \\ 3 & \frac{1}{4} & \frac{1}{3} & 1 & 1 & 3 \\ 6 & \frac{1}{2} & 1 & \frac{1}{3} & \frac{1}{3} & 1 \end{pmatrix} \quad \boldsymbol{B}_4 = \begin{pmatrix} 1 & 3 & \frac{1}{3} & 2 & 1 & \frac{1}{2} \\ \frac{1}{3} & 1 & \frac{1}{5} & \frac{1}{2} & \frac{1}{2} & \frac{1}{4} \\ 3 & 5 & 1 & 3 & 4 & 2 \\ \frac{1}{2} & 2 & \frac{1}{3} & 1 & \frac{1}{2} & \frac{1}{3} \\ 1 & 2 & \frac{1}{4} & 2 & 1 & \frac{1}{2} \\ 2 & 4 & \frac{1}{2} & 3 & 2 & 1 \end{pmatrix}$$

$$
\boldsymbol{B}_5 = \begin{pmatrix} 1 & \frac{1}{4} & \frac{1}{7} & \frac{1}{3} & \frac{1}{3} & \frac{1}{7} \\ 4 & 1 & \frac{1}{5} & 2 & 2 & \frac{1}{5} \\ 7 & 5 & 1 & 6 & 6 & 1 \\ 3 & \frac{1}{2} & \frac{1}{6} & 1 & 1 & \frac{1}{6} \\ 3 & \frac{1}{2} & \frac{1}{6} & 1 & 1 & \frac{1}{6} \\ 7 & 5 & 1 & 6 & 6 & 1 \end{pmatrix}
$$

$\boldsymbol{B}_4$ の第 $(3,1)$ 成分 $\beta^4_{3,1} = 3$ は，評価要因 F_4「待遇の充実」に関して，C_3「N 総研」の方が C_1「M 商事」よりややよい (と感じている) ことを意味している．ここで，前節同様次のことを仮定しよう．

仮定 3.2 $\boldsymbol{B}_i$ の第 (j,k) 成分 β^i_{jk} は，f_{ij}/f_{ik} の近似値を与える． □

ここで，前節とまったく同じロジックを当てはめることによって，次のようにして $f_{i1}, \cdots, f_{in}$ を決定する．

$\boldsymbol{B}_i$ の固有値のうちで絶対値が最大のものを μ_i，それに対応する固有ベクトルを $\boldsymbol{f}^i := (f^i_1, \cdots, f^i_n)^\top$ として

$$ f_{ij} = f^i_j \bigg/ \sum_{k=1}^n f^i_k, \quad j = 1, \cdots, n $$

とする．

再び MATLAB の固有値計算コマンドで，六つの企業 C_j $(j = 1, \cdots, 6)$ の相対評点 f_{ij} を計算した結果を示したのが表 3.2 である．

これとすでに求めた w_i $(i = 1, \cdots, 5)$ を用いて，式 (3.1) で企業 C_j の総合評点 s_j を計算すると

$s_1 = 0.100, \quad s_2 = 0.230, \quad s_3 = 0.250, \quad s_4 = 0.137, \quad s_5 = 0.114, \quad s_6 = 0.170$

という結果が得られた．これで見ると C_3「N 総研」が最も高い評点を得て，C_2「Z 銀行」がそれに続き，これら二つが他を引き離していることがわかる．

表 3.2 ウェイトの計算結果

	F_1	F_2	F_3	F_4	F_5
w_i	0.079	0.116	0.494	0.281	0.030
C_1：M 商事	0.242	0.221	0.033	0.136	0.033
C_2：Z 銀行	0.142	0.221	0.354	0.055	0.104
C_3：N 総研	0.142	0.100	0.226	0.370	0.366
C_4：T 自動車	0.038	0.361	0.133	0.086	0.065
C_5：B 電機	0.060	0.060	0.133	0.122	0.065
C_6：IT 企業 O	0.375	0.038	0.121	0.231	0.366
固有値	6.083	6.123	6.720	6.116	6.203
C.I.	0.017	0.024	0.144	0.023	0.041

3.5 分析結果の検証

以上の結果，時間が限られる場合，M 君は C_3「N 総研」やそれに類するシンクタンク，C_2「Z 銀行」や金融関係を中心に，就職活動先を絞るとよさそうである．しかし，いま一度 M 君が行った一対比較行列 $A, B_1, \cdots, B_5$ を精査してみると，実は B_3 に若干矛盾を含んでいることがわかる．行列 B_3 を再掲してみよう．

$$B_3 = \begin{pmatrix} 1 & 1/8 & 1/6 & 1/3 & 1/3 & 1/6 \\ 8 & 1 & 2 & 4 & 4 & 2 \\ 6 & 1/2 & [1] & (3) & 3 & 1 \\ 3 & 1/4 & 1/3 & 1 & 1 & 3 \\ 3 & 1/4 & 1/3 & 1 & 1 & 3 \\ 6 & 1/2 & [1] & (1/3) & 1/3 & 1 \end{pmatrix}$$

ここで気になるのは，[ ] と ( ) で囲んだ部分である．実際，$\beta^3_{33} = \beta^3_{63} = 1$ より，F_3 に関して，C_6 は C_3 と同程度であると答えている一方で，$\beta^3_{34} = 3$ より C_3 は C_4 に比べてややよく，かつ，$\beta^3_{64} = 1/3$ より C_6 は C_4 と比べてやや悪いとしているが，これは少々おかしいのではないだろうか．同じことは $\beta^3_{35} = 3$，$\beta^3_{65} = 1/3$ の間でも指摘できる．

このような場合を想定して，一対比較行列 $A, B_1, \cdots, B_5$ のデータが一貫性

をもつかどうかを調べる方法として推奨されているのは，一貫性係数 (C.I.)

$$\text{C.I.} := \frac{\alpha - n}{n - 1}$$

を計算し，C.I. $\leqq 0.1$ であれば合格，C.I. $\geqq 0.15$ ならば測定をやり直すという方法である．ここで，$\alpha = 6.72, n = 6$ を代入すると，C.I. $= 0.144$ となるから，やり直すべきかどうかは微妙なところであるが，すんなり合格というわけにもいかない水準であることがわかる．ちなみに，表 3.2 の最終行から，他の一対比較行列についてはいずれも C.I. が 0.1 以下になっていることがわかる．

そこで，M 君には再度 $\boldsymbol{B}_3$ の再確認をお願いしたところ，

$$\beta_{64}^3 = \beta_{65}^3 : 1/3 \to 3$$
$$\beta_{46}^3 = \beta_{56}^3 : 3 \to 1/3$$

とすべきであることが判明した．したがって正しい行列 $\boldsymbol{B}_3$ は

$$\boldsymbol{B}_3 = \begin{pmatrix} 1 & 1/8 & 1/6 & 1/3 & 1/3 & 1/6 \\ 8 & 1 & 2 & 4 & 4 & 2 \\ 6 & 1/2 & 1 & 3 & 3 & 1 \\ 3 & 1/4 & 1/3 & 1 & 1 & 1/3 \\ 3 & 1/4 & 1/3 & 1 & 1 & 1/3 \\ 6 & 1/2 & 1 & 3 & 3 & 1 \end{pmatrix}$$

となる (このような勘違いはよくあることなので注意が必要である)．

そこで，この行列を用いて $\boldsymbol{f}^3 := (f_1^3, \cdots, f_6^3)$ を計算し直したところ

$$\boldsymbol{f}^3 = (0.034, 0.360, 0.219, 0.084, 0.084, 0.219)^\top$$
$$\alpha = 6.055$$

となることが確認された．これならば C.I.$= (6.055 - 6)/(6 - 1) = 0.011$ だから，一貫性係数テストも十分 OK となる．

以上の結果を用いて再び企業の評点を計算し直したのが，以下の結果である．

$s_1 = 0.101, \quad s_2 = 0.233, \quad s_3 = 0.246, \quad s_4 = 0.112, \quad s_5 = 0.089, \quad s_6 = 0.218$

これで見ると，C_2 との差は若干狭まっているものの依然として C_3 がベスト

である一方，C_6 が大きく評点を伸ばしており，修正前の 2 強から，3 強といった印象に近づいている．C.I. の値から見れば合格と不合格の緩衝地帯に属するものであったが，念のため再検討した甲斐があったわけである．

3.6　多階層の評価木

上記の分析結果には，評価要因の木の構成についてもやや問題となる点があるので，それについて説明しよう．

まず，表 3.2 の 2 行目に掲載されている各評価要因に対する重みベクトル w_i をご覧いただきたい．このベクトルの成分のうちで，値が最大のもの $w_3 = 0.494$ と最小のもの $w_5 = 0.030$ を比べると，

$$w_3/w_5 = 16.47$$

となっている．仮定 3.1 で述べたとおり，階層分析法は

$$\alpha_{ij} \approx \frac{w_i}{w_j}$$

であることを"想定"して組み立てられたものであるが，$\alpha_{35} = 9$ であるから 16.47 と比べてかなりのギャップがある．つまり，評価構造の中で F_3 と F_5 の重要度に 1 ケタ以上の違いがあるのだが，このような場合は，計算の結果得られる重み係数に含まれる誤差が大きくなる傾向がある．

一般に，重要度にケタ違いの差がある要因に関しては，互いに類似性のある重要度の低い要因をいくつか組み合わせた (スーパー) 要因をつくり，同一階層に位置する要因相互の間に，決定的な差が出ないようにするのがよいとされている．この問題の場合，たとえば図 3.5 で示したように，F_1, F_5 を 1 まとめにした (スーパー) 要因：

F_0：就職に関する二義的要因

を導入して，2 階層の評価木を構成すればこの要求は満たされる．

そこで，図 3.5 の 2 階層の木の取扱いを，簡単に説明しておこう．

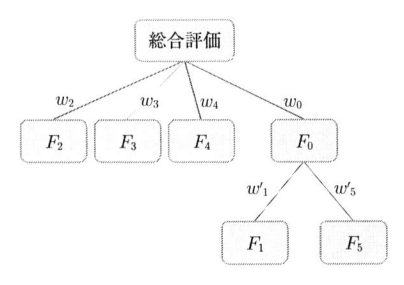

図 3.5 要因間の重要度にもとづく再階層化

〔重要度の決め方〕
第 1 段階 四つの要因 F_0, F_2, F_3, F_4 からなる 1 階層の評価木に関して，3.3 節の手続きで各要因のウェイト w_0, w_2, w_3, w_4 を計算する．
第 2 段階 評価要因 F_0 に関して，F_1, F_5 がそれぞれどれだけの重要さをもつかを 3.3 節の方法で計算し，これを w'_1, w'_5 とする．次いでこれに F_0 の重要度 w_0 をかけて

$$w_1 = w_0 w'_1, \quad w_5 = w_0 w'_5$$

とする．

これによって各要因の重要度が決まると，式 (3.1) を使って総合評点が計算できるのである．

また上述の就活先の選定は，本人の選好にのみもとづいていた．しかし，日本において，大学卒業時点の就職は人生を大きく左右するため，本人以外の利害関係者の意向も取り込んだ方がよい場合がある．たとえば，本人の選好のほかに，両親や，将来の伴侶となるかもしれないカノジョ (カレシ) の選好も取り入れた方がよいという状況もある．

図 3.3 はそのような状況を考慮して，第 1 段階の要因として三つの視点「本人」「両親」「将来の伴侶」を設定し，合わせて 3 段階の評価構造にもとづいて分析を行う場合の評価木を表している．

表 3.3 と図 3.6 は，M 君に，「両親」「将来の伴侶」の視点を想像して評価してもらった点を加味してもらい，前節の分析を補強した結果である．表 3.3 は，M 君が考える 3 者の視点のウェイトと，それぞれの各評価項目に対するウェイトを示している．ここから，M 君の就職に関して，M 君は自分のために 8 割近

3.6 多階層の評価木

表 3.3 自分以外の視点から見た各評価要因の重要度

	視点 自分	視点 両親	視点 将来の伴侶	固有値	C.I.
視点の重要度	0.772	0.173	0.055	3.209	0.104
F_1	0.079	0.064	0.045		
F_2	0.116	0.454	0.166		
F_3	0.494	0.036	0.032		
F_4	0.281	0.140	0.452		
F_5	0.030	0.306	0.305		
固有値	5.374	5.196	5.247		
C.I.	0.094	0.049	0.062		

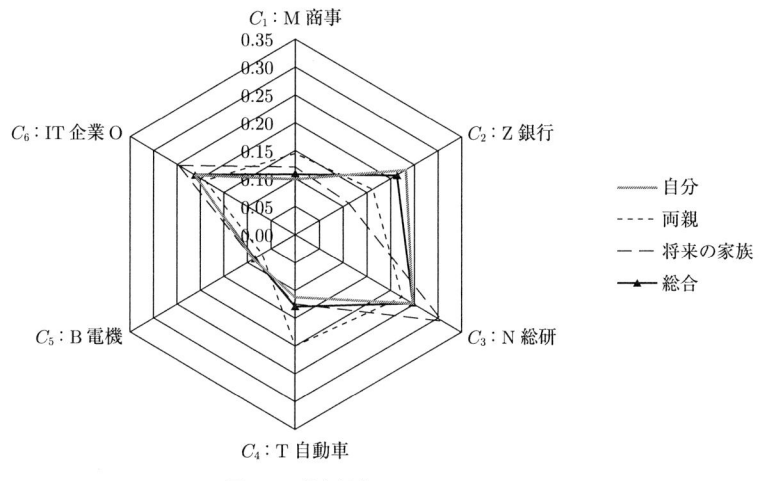

図 3.6 総合評点のレーダーチャート

く，両親のために2割近く，将来の伴侶のために5%程度考慮していることがわかる．さらに，両親や家族のことを考えるとF_5「勤務地」が，家族のことを考えるとF_4「待遇の充実」が，両親のことを考えるとF_2「社会的評判」の比重が，「自分」独りの場合に比べると，それぞれ高くなっていることがわかる．その結果，図3.6で表される総合評価を見ると，両親の視点からはC_4「T自動車」が，M君の本命C_3「N総研」に迫る評価を得ていたり，家族の視点からは勤務地も首都圏に安定していそうで給与も高いC_3「N総研」の評価が一段

と高くなる一方,全国に支店を有し給与面で劣る C_2「Z銀行」の評価が一段と低くなっていたりしている.ただ,M君の場合は,就活先の選定に関して「自分」の視点が他の二つに比べ圧倒的に高いため,総合点の動向は「自分」視点のものとあまり変わらないという結果になっている.

原稿執筆時点で就職市場は買い手市場であり,就活する学生にとっては極めて厳しい状況にある.ここでは,過当競争ともいえる現在の就活において,就活先を絞り込むための方法としてAHPを適用したが,景気が回復し売り手市場となった暁には,内定を複数獲得する学生も多数現れることであろう.そういう学生にとっては,複数の内定先企業から就職する企業を絞り込む上でAHPを利用することもできる.

補足:ウェイト計算の簡便法

ここではウェイト計算を固有値計算により求める方法を紹介したが,より簡便な方法として幾何平均法がある.この方法は,一対比較行列の各行の幾何平均

$$w_i = (a_{i1}a_{i2}\cdots a_{im})^{1/m}, \quad i=1,\cdots,m$$
$$f_{ij} = (\beta_{j1}^i \beta_{j2}^i \cdots \beta_{jn}^i)^{1/n}, \quad i=1,\cdots,m;\ j=1,\cdots,n$$

をウェイトとするという,極めて単純な計算方法で求めることができ,表計算ソフトなどでも簡単に求めることができる[*1].たとえば,3.3節の A を二つの方法で小数第4位まで求めてみると,以下のような数値になるが,かなりよい近似を与えていることがわかる.

	w_1	w_2	w_3	w_4	w_5
幾何平均	0.0789	0.1172	0.4953	0.2799	0.0287
固有ベクトル	0.0790	0.1156	0.4945	0.2812	0.0297

[*1] たとえば,Microsoft Excel では関数 GEOMEAN を使うと幾何平均が計算できる

4 金融工学のすすめ
——ポートフォリオ理論

4.1 理工系大学とお金の研究

　C大の経営システム工学科では，組織の経営に関わる四大資源と称される「ヒト，モノ，カネ，情報」を組み合わせて，経営の効率化を図るための研究・教育が実施されている．

　ところが，これら四大資源の中で「お金」の研究は，長い間経済学部，商学部，法学部の文系3学部の固有の任務とされてきた．金融商品の価格づけや資産運用は経済学部の，組織におけるお金の流れを分析する会計は商学部の，また金融法制度は法学部の研究領域だったのである．

　しかし1980年代に入ると，世界的な金融自由化の流れの中で金融ビジネスは著しく技術化し，高度な数理工学手法が使われるようになった．多様な金融商品が取引きされている金融市場での資産運用には，種々の最適化手法が，デリバティブ(金融派生商品)に代表される金融商品の価格づけには，確率微分方程式やシミュレーション技術が，そして企業の倒産分析には，シミュレーションやデータ・マイニング手法が不可欠になった．

　かくしてこれら技術に通暁している，数理工学の専門家や情報技術の専門家が「お金」の研究に参入し，「金融工学」という研究分野が確立されたのである．

　エンジニアの間では新参者と見られている「金融工学」であるが，ORの世界ではハリー・マーコビッツ(H.Markowitz)が，1952年に提案した「平均・分散モデル」以来の歴史をもっている．

　このモデルは，資産運用の方法や金融資産価格づけ理論の基礎を与えたものとして高い評価を得てきたが，資産運用の実務に広く用いられるようになった

のは比較的最近のことである．計算上の制約のため，大型の 2 次計画問題がうまく解けなかったのが原因である．

しかし 1980 年代以降の情報技術・計算技術のブレークスルーのおかげで，「平均・分散モデル」は誕生後 50 年を経て，金融工学の基本的道具として復活を遂げた．そこでこの章では，経営システム工学科における金融工学カリキュラムの定番になっている「平均・分散モデル」とその改良について紹介しよう．

4.2 リターンとリスク

投資を行うにあたって重要な指標は，そこから得られる収益率である．これは「一定の期間の投資から得られる純益を投資金額で割ったもの」として定義される．たとえば，70 万円で買った A 社の株が 1 年後に 90 万円に値上りし，この期間に 1 万円の配当があったとすると，その年間収益率は (取引きコストを無視すると)

$$(90 - 70 + 1)/70 = 30\%$$

となる．投資戦略の良し悪しは，収益率の大きさで決まる．したがって投資家達は，この値が大きな銘柄を探すことに躍起となるのであるが，株価や配当に影響を与える要因は沢山あるし，しかもそれらが将来どう動くか確実にはわからない．こんなときに，どのような基準で投資プランを立てるのがよいかという問題を数学的に定式化したのが，マーコビッツである．

話を具体的にするために，コワール，ゴトウ毛皮，キンリビールという三つの銘柄を登場させよう．まず毛皮のゴトウであるが，その収益性に最も大きな影響を与えるのは，秋から冬にかけての気象条件である．厳冬になればバカ売れで配当は増え株価も上がるが，暖冬になったら閑古鳥である．一方，ビールのキンリはこの逆で，冬は暖かいほうが消費が増え収益が上昇する．これに比べると，コワールは多様な商品を扱っているので，他の 2 社ほどの影響を受けない．

これらの銘柄の収益性に影響を及ぼす要因は，これ以外にもいろいろあるが，他の条件は昨年どおりという前提で，エコノミストの S 氏に分析をお願いした

表 4.1　収益率 (%)

	暖冬	平年並み	厳冬	平均	標準偏差
A：コワール	12	14	16	14	1.6
B：ゴトウ	−8	20	42	18	20.5
C：キンリ	18	14	10	14	3.3
確率	1/3	1/3	1/3		

ところ，表 4.1 に示したような答が戻ってきた．

次に，この秋以降の長期予想を気象庁に問い合わせたところ，暖冬，平年並み，厳冬の確率がそれぞれ 1/3 という回答を得た．そこでこの 3 種の株の収益率の平均をとると，表 4.1 の第 4 列目の数値が得られる．たとえばコワールの平均収益率は

$$\frac{1}{3} \times 12 + \frac{1}{3} \times 14 + \frac{1}{3} \times 16 = 14\%$$

となる．

これで見ると，平均収益率はゴトウ毛皮 (B) が一番高く，コワール (A) とキンリ (C) はともに 14%となっている．しかし A と C は収益率が比較的安定しているのに対して，B は運がいい場合と悪い場合の落差が大きい．投資家たる者は，平均収益の大きさだけでなく，収益のバラツキ具合も考える必要がある．

さて，バラツキ具合を表す指標としてよく使われるのが，標準偏差である．その定義は，「平均値からのずれの大きさを 2 乗して平均をとったものの平方根」である．コワールの場合についてこれを計算すると

$$\frac{1}{3} \times (12-14)^2 + \frac{1}{3} \times (14-14)^2 + \frac{1}{3} \times (16-14)^2 = \frac{8}{3}$$

の平方根，すなわち 1.6 となる．マーコビッツは，投資のリスクの物差しとして，収益率の標準偏差を採用することを提案し，

〔マーコビッツの基準〕
1. 平均収益率は大きいほど望ましい．
2. 収益率の標準偏差は小さいほど望ましい．

を設定した．

そこでこの原則をもとに，三つの株を比較してみよう (表 4.1)．まず A と C を比べると，両者とも平均収益率は同じだが，A の方がリスク (標準偏差) が小

さいので A の勝ちである．では A と B ではどうか．この場合，平均収益率は B が勝り，リスクでは A が勝るので優劣がつかない．リスクが大きくても平均収益率を優先する人は B を，その反対の人は A を選べばいい．

では，A との比較で負けてしまった C は，投資対象としてまったく価値がないのだろうか．実はそうでないのが面白いところである．たとえば，B に 2 割，C に 8 割という具合に資金を分散して投資したらどうなるかを見てみよう．まず暖冬の場合の収益率は

$$0.2 \times (-8) + 0.8 \times 18 = 12.8\%$$

となる．同様な計算の結果，平年並みのときは 15.2%，厳冬のときは 16.4% となる．これをコワール株のデータと並べたものが表 4.2 である．

これを見ると，合成銘柄 $D = 0.2B + 0.8C$ は，冬の気象条件がどうころんでも A より収益率が高くなっている．しかも標準偏差も A の 1.6 より小さくなっている！ 暖冬にはキンリが頑張り，厳冬にはゴトウが儲けるので，これをうまく組み合わせると，優等生のコワールに完勝するという仕掛けである．

ここでもう一度表 4.1 を見ていただきたい．これによると，平均収益率は最低が 14% で，最高が 18% だから，これらをどのような割合で組み合わせても，得られる平均収益率は 14% と 18% の間に納まるはずである．

そこでまず収益率は 14% で十分だから，なるべくリスク (標準偏差) の小さな組合せが知りたいという慎重居士へのメニューをお届けしよう．それは A に 2/3，C に 1/3 投資する組合せである．こうすると，冬が寒かろうが暖かろうが，いつでも 14% の収益率が得られる (読者はこれを確認していただきたい)．

どんな場合でも 14% の収益率が得られるのだから，平均収益率は 14% でリスクはゼロとなる．この状態が図 4.1 の a 点に対応している．標準偏差は原理的にゼロより小さくできないから，14% の平均収益率で十分だという投資家にとっては，これがベストである．

表 4.2

	暖冬	平年並み	厳冬	平均	標準偏差
A：コワール	12	14	16	14	1.6
$D : 0.2B + 0.8C$	12.8	15.2	16.4	14.8	1.5

図 4.1

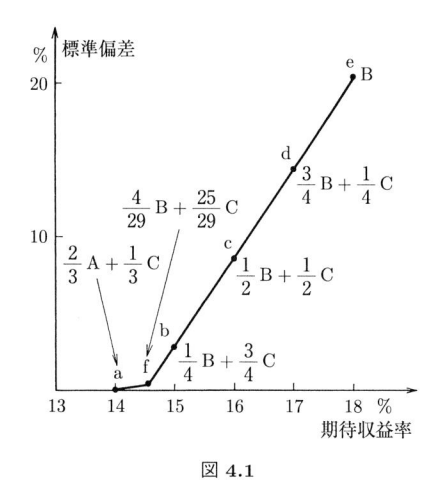

では，少なくとも15％の平均収益率を得たいという投資家へのお勧め品はどうなるだろうか．結論をいうと，Bに1/4，Cに3/4投資するのが一番いい．同様に平均収益率が16％, 17％, 18％という投資家にとってリスクが最小となる組合せを求めると，それぞれ図4.1のc点，d点，e点が求まる．

このグラフを求める方法は，次節以降で詳しく述べることにして，このグラフを見ると，平均収益率を大きくしようとするとリスクも増えることがわかる．これがいわゆる「ハイリスク・ハイリターンの原則(虎穴に入らずんば虎児を得ず)」の好例である．

以上は株が3種類の場合だった．ところが東京証券市場には1,000銘柄を超える株式が取引きされているから，これらをうまく組み合わせれば，一層望ましい資産運用ができる可能性がある．

4.3 平均・分散モデル

市場でn種の資産$S_j(j=1,\cdots,n)$が取引きされているものとし，S_jの単位期間あたりの収益率をR_jと書くことにしよう．ここでR_jはある確率分布に従う確率変数であるものとする．すなわちR_jは，前もってどのような値をとるかは不明であるが，取りうる値の範囲と，その中のある値の起こりやすさの指標である確率がわかっているものと仮定するのである．

いま S_j への投資比率を x_j とし，ベクトル

$$\boldsymbol{x} = (x_1, \cdots, x_n) \tag{4.1}$$

を「ポートフォリオ」と呼ぶ．ポートフォリオ $\boldsymbol{x}$ は

$$\sum_{j=1}^{n} x_j = 1 \tag{4.2}$$

$$x_j \geqq 0, \quad j = 1, \cdots, n \tag{4.3}$$

の2条件を満足する．

ポートフォリオ $\boldsymbol{x}$ から得られる収益率を $R(\boldsymbol{x})$ と書くと，前節の説明からも明らかなとおり

$$R(\boldsymbol{x}) = \sum_{j=1}^{n} R_j x_j \tag{4.4}$$

と書ける．

そこで次に，$R(\boldsymbol{x})$ の期待値 $E[R(\boldsymbol{x})]$ を一定値 r に保った上で，$R(\boldsymbol{x})$ の分散 $V[R(\boldsymbol{x})]$ を最小化する問題：

$$\left| \begin{array}{ll} \text{最小化} & V[R(\boldsymbol{x})] \\ \text{条　件} & E[R(\boldsymbol{x})] = r \\ & \boldsymbol{x} \in X \end{array} \right. \tag{4.5}$$

を考えよう．ここで

$$X = \left\{ \boldsymbol{x} = (x_1, \cdots, x_n) \middle| \sum_{j=1}^{n} x_j = 1, \quad x_j \geqq 0, \quad j = 1, \cdots, n \right\} \tag{4.6}$$

である．この問題 (4.5) の最適解を $\boldsymbol{x}(r)$ と書き，$\boldsymbol{x}(r)$ に対応する収益率の分散を

$$v(r) = V[R(\boldsymbol{x}(r))] \tag{4.7}$$

としよう．また

4.3 平均・分散モデル

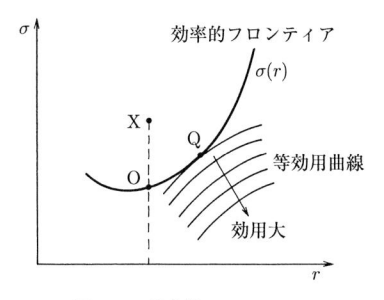

図 4.2 効率的フロンティア

$$\sigma(r) = \sqrt{v(r)} \tag{4.8}$$

と書くことにしよう．

図 4.2 は $\sigma(r)$ を図示したものである．投資家はマーコビッツの基準に従う限り，曲線 $\sigma(r)$ 上のポートフォリオ $\boldsymbol{x}(r)$ を選択するはずである．なぜなら，X に対応するポートフォリオは，O に対応するポートフォリオと平均収益率が同じであるにもかかわらず，その標準偏差が大きいので，マーコビッツの基準に照らすと，X を選ぶより O を選んだ方が有利だからである．この意味で，$\sigma(r)$ と $\boldsymbol{x}(r)$ はそれぞれ「効率的フロンティア」，「効率的ポートフォリオ」と呼ばれている．

マーコビッツの仮定により，投資家の効用 (第 2 章参照) は r が大きいほど大きく，σ が小さいほど大きいはずだから，効用関数の等高線は図 4.2 に示したような形をしているはずである．したがって，投資家は自己の効用が最大値をとる $\sigma(r)$ 上の点 Q に対応する比率で投資することになる．

以上が，マーコビッツの平均・分散 (Mean-Variance) モデルの骨子であるが，実務上はポートフォリオ $\boldsymbol{x}$ にはいろいろな制約が加わる．たとえばどの株式も投資額の 10% 以上は投資しないとか，日立に投資しないなら東芝にも投資しないといった類の制約である．前者は

$$x_j \leqq 0.1, \quad j = 1, \cdots, n$$

後者は

$$x_{日立} \geqq x_{東芝}$$

という式で表すことができる.

4.4 平均・分散モデルと 2 次計画法

次に問題 (4.5) を,より具体的に表現することにしよう. (4.4) より

$$R(\boldsymbol{x}) = \sum_{j=1}^{n} R_j x_j$$

だから,$r_j = E[R_j]$ とおくと

$$\begin{aligned}
E[R(\boldsymbol{x})] &= E\left[\sum_{j=1}^{n} R_j x_j\right] \\
&= \sum_{j=1}^{n} E[R_j] x_j = \sum_{j=1}^{n} r_j x_j
\end{aligned} \tag{4.9}$$

$$\begin{aligned}
V[R(\boldsymbol{x})] &= E\left[\left\{\sum_{j=1}^{n} R_j x_j - E\left[\sum_{j=1}^{n} R_j x_j\right]\right\}^2\right] \\
&= E\left[\left\{\sum_{j=1}^{n} (R_j - r_j) x_j\right\}^2\right] \\
&= E\left[\sum_{j=1}^{n} \sum_{i=1}^{n} (R_j - r_j)(R_i - r_i) x_j x_i\right] \\
&= \sum_{j=1}^{n} \sum_{i=1}^{n} E[(R_j - r_j)(R_i - r_i)] x_j x_i
\end{aligned} \tag{4.10}$$

となる.よって

$$\sigma_{ji} = E[(R_j - r_j)(R_i - r_i)] \tag{4.11}$$

とおくと,問題 (4.5) は

$$\begin{vmatrix} \text{最小化} & \sum_{j=1}^{n}\sum_{i=1}^{n}\sigma_{ji}x_jx_i \\ \text{条　件} & \sum_{j=1}^{n}r_jx_j = r \\ & \sum_{j=1}^{n}x_j = 1, \quad x_j \geqq 0, \quad j=1,\cdots,n \end{vmatrix} \quad (4.12)$$

という形に書くことができる．

これは「凸2次計画問題」と呼ばれる問題で，線形計画問題の解法と似た方法を使って解くことができる．しかし n が 1,000 を超える2次計画問題 (4.12) を解くには，かなりの手間がかかる．その第一の理由は，n^2 個の共分散 $\sigma_{ij}(i,j=1,\cdots,n)$ を推定するのに時間がかかることである．$\sigma_{ij}=\sigma_{ji}$ であることを考慮しても，$n=1,000$ の場合には 500,500 個の共分散 σ_{ij} を求めなくてはならないのである．

もう一つの問題は，ほとんどすべての (i,j) に対して $\sigma_{ij}\neq 0$ となることである．たとえば東京市場第1部上場の株式を例にとれば，どの銘柄の収益率も他の銘柄の収益率と何らかの相関をもつのが普通だから，$\sigma_{ij}=0$ となるのは特殊な銘柄どうしに限られる．ところが2次計画問題 (4.12) を解く手間に影響を与えるのは，変数の数 n だけでなく，問題の中に含まれる0でないデータの個数 N である．(4.12) で $n=1,000$ のときは，$N \cong 1,000,000$ となるので，$n=1,000$ の問題はなかなか解けなかったのである．

4.5　大型2次計画問題の解法

この節では，大型の平均・分散モデルをより解きやすい形に表現し直す方法を二つ紹介しよう．

4.5.1　ファクター・モデル

このモデルでは，まず株式の収益率に影響を及ぼすと考えられるいくつかのファクター (要因)$F_1,\cdots,F_K$ を選択する．その候補としては，各種の財務データ，TOPIX インデックスの収益率，金利水準，為替レート，物価水準，鉱工

業生産指数などいろいろなものが考えられるが，これら K 個のファクターと収益率 R_j の間に

$$R_j = \alpha_j + \sum_{k=1}^{K} \beta_{jk} F_k + \varepsilon_j, \quad j = 1, \cdots, n \tag{4.13}$$

という関係が成立するものと想定する．ε_j は互いに独立な確率変数で，ε_j と F_k は独立で

$$E[\varepsilon_j] = 0, \quad V[\varepsilon_j] = \tau_j^2 \tag{4.14}$$

$$E[F_k] = 0, \quad V[F_k] = \nu_k^2 \tag{4.15}$$

$$\nu_{rs} = E[F_r \cdot F_s] \tag{4.16}$$

は既知であるものとする．これらの前提のもとで，回帰分析を用いて定数 α_j, β_{jk} を求める．これが決まると

$$\begin{aligned}
\sigma_j^2 &= E[(R_j - E[R_j])^2] \\
&= E\left[\left(\sum_{k=1}^{K} \beta_{jk} F_k + \varepsilon_j\right)^2\right] \\
&= E\left[\left(\sum_{k=1}^{K} \beta_{jk} F_k\right)^2\right] + \tau_j^2 \\
&= \sum_{r=1}^{K} \sum_{s=1}^{K} \beta_{jr} \beta_{js} \nu_{rs} + \tau_j^2 \\
\sigma_{ij} &= E[(R_i - E[R_i])(R_j - E[R_j])] \\
&= E\left[\left(\sum_{k=1}^{K} \beta_{ik} F_k + \varepsilon_i\right)\left(\sum_{k=1}^{K} \beta_{jk} F_k + \varepsilon_j\right)\right] \\
&= E\left[\left(\sum_{k=1}^{K} \beta_{ik} F_k\right)\left(\sum_{k=1}^{K} \beta_{jk} F_k\right)\right] \\
&= \sum_{k=1}^{K} \sum_{s=1}^{K} \beta_{ik} \beta_{js} \nu_{ks}, \quad i \neq j
\end{aligned}$$

となる．したがって

$$\sum_{i=1}^{n}\sum_{j=1}^{n}\sigma_{ij}x_ix_j = \sum_{j=1}^{n}\sigma_j^2 x_j^2$$
$$+ \sum_{i=1}^{n}\sum_{j=1}^{n}\sum_{k=1}^{K}\sum_{s=1}^{K}\beta_{ik}\beta_{js}\nu_{ks}x_ix_j \quad (4.17)$$

となるから

$$y_k = \sum_{i=1}^{n}\beta_{ik}x_i, \quad k=1,\cdots,K \quad (4.18)$$

とおくと,

$$\sum_{i=1}^{n}\sum_{j=1}^{n}\sigma_{ij}x_ix_j = \sum_{i=1}^{n}\sigma_i^2 x_i^2 + \sum_{k=1}^{K}\sum_{s=1}^{K}\nu_{ks}y_ky_s \quad (4.19)$$

と書ける．この結果，問題 (4.12) は

$$\left|\begin{array}{l} \text{最小化} \quad \displaystyle\sum_{i=1}^{n}\sigma_i^2 x_i^2 + \sum_{k=1}^{K}\sum_{s=1}^{K}\nu_{ks}y_ky_s \\ \text{条　件} \quad y_k - \displaystyle\sum_{i=1}^{n}\beta_{ik}x_i = 0, \quad k=1,\cdots,K \\ \qquad\quad \displaystyle\sum_{j=1}^{n}r_jx_j = r \\ \qquad\quad \displaystyle\sum_{j=1}^{n}x_j = 1 \\ \qquad\quad x_j \geqq 0, \quad j=1,\cdots,n \end{array}\right. \quad (4.20)$$

となる．特に $K=1$ の場合，(4.20) はシャープ (W.Sharpe) のシングル・ファクター・モデルと呼ばれ，80 年代半ばまで平均・分散モデルの近似解法として広く利用された．

　一般の場合，問題 (4.20) は $n+K$ 個の変数を含んでいる．また，目的関数の係数で 0 でないものは $n+K^2$ 個である．現在実務に利用されているモデルでは，K は少ない場合で 4，大きくても 70 程度だから，問題 (4.20) は n が 1,000 以上の場合でも解けるのである．

4.5.2 2次計画問題のコンパクト分解

線形回帰式 (4.13) の係数 α_j, β_{jk} を推定する際に用いられるのは,普通の場合過去の収益率の実測データである.いま T 期間分の R_j の実現値 $r_{jt}, t = 1, \cdots, T$ が与えられたものとしよう.ファクター・モデルの場合は,これとファクター F_k の第 t 期における実現値 $f_{kt}, t = 1, \cdots, T$ を使って α_j, β_{jk} を推定し,2次計画問題 (4.20) を解くのであった.

以下では,回帰分析を行わずに済む「コンパクト分解法」を紹介しよう.一組の確率変数 (R_j, R_i) の実現値 $(r_{jt}, r_{it}), t = 1, \cdots, T$ が与えられたとき,σ_{ij} として標本共分散

$$s_{ji} = \sum_{t=1}^{T} \frac{(r_{jt} - r_j)(r_{it} - r_i)}{T} \tag{4.21}$$

を使用することにしよう.ここで r_j は R_j の期待値である.そこで

$$r_j = \sum_{t=1}^{T} \frac{r_{jt}}{T} \tag{4.22}$$

とおいて σ_{ji} のかわりに s_{ji} を使うと,

$$\begin{aligned}
\sum_{j=1}^{n}\sum_{i=1}^{n} \sigma_{ji} x_j x_i &= \sum_{j=1}^{n}\sum_{i=1}^{n} s_{ji} x_j x_i \\
&= \sum_{i=1}^{n}\sum_{j=1}^{n}\sum_{t=1}^{T} \frac{(r_{jt} - r_j)(r_{it} - r_i) x_j x_i}{T} \\
&= \sum_{t=1}^{T} \frac{\left\{\sum_{j=1}^{n}(r_{jt} - r_j) x_j\right\}^2}{T}
\end{aligned} \tag{4.23}$$

となる.したがって

$$y_t = \sum_{j=1}^{n}(r_{jt} - r_j) x_j, \quad t = 1, \cdots, T \tag{4.24}$$

とおくと

$$\sum_{i=1}^{n}\sum_{j=1}^{n} \sigma_{ij} x_i x_j = \sum_{t=1}^{T} \frac{y_t^2}{T} \tag{4.25}$$

と書けることがわかる．したがって平均・分散モデル (4.12) は

$$\left|\begin{array}{l} 最小化 \quad \sum_{t=1}^{T} \frac{y_t^2}{T} \\ 条\quad件 \quad y_t - \sum_{j=1}^{n}(r_{jt} - r_j)x_j = 0, \quad t = 1, \cdots, T \\ \qquad\quad \sum_{j=1}^{n} r_j x_j = r \\ \qquad\quad \sum_{j=1}^{n} x_j = 1 \\ \qquad\quad x_j \geqq 0, \quad j = 1, \cdots, n \end{array}\right. \qquad (4.26)$$

というコンパクトな形に表現することができる．この問題は変数が $n+T$ 個，制約条件が $T+2$ 個で，非ゼロ係数の数はほぼ nT 個となる．

表 4.3

問題	変数	制約式	非ゼロ係数
(4.12)	n	2	$n^2 + 2n$
(4.20)	$n+K$	$K+2$	$(n+1)K + K^2 + 3n$
(4.26)	$n+T$	$T+2$	$(n+2)T + 2n$

上の表は，三つのモデルの変数，制約式，およびモデルに含まれる非ゼロ係数の個数を表している．$T = 60$, $K = 60$ とおけば，(4.20) と (4.26) はモデルとしてほぼ同じサイズである．しかし (4.26) は，回帰分析などの面倒な手続きを用いることなく，生データ r_{it} からただちに問題が生成されるのが特長である．

4.6　平均・絶対偏差モデル

この節では，1980 年代末に K 教授が提唱した，「平均・絶対偏差 (Mean-Absolute-Deviation) モデル」を紹介しよう．平均・分散 (Mean-Variance) モデルがその頭文字をとって MV モデルと呼ばれているのに対して，平均・絶対偏差モデルは，「MAD モデル」と呼ばれている．

MV モデルでは，リスク指標としてポートフォリオ $\boldsymbol{x}$ の収益率 $R(\boldsymbol{x})$ の標準

偏差を採用したのに対して，MAD モデルでは $R(\boldsymbol{x})$ の絶対偏差

$$w[R(\boldsymbol{x})] = E[|R(\boldsymbol{x}) - E[R(\boldsymbol{x})]|] \qquad (4.27)$$

すなわち，$R(\boldsymbol{x})$ のその平均値 $E[R(\boldsymbol{x})]$ からのずれの大きさの絶対値の平均値を採用し，問題 (4.5) のかわりに

$$\left|\begin{array}{ll} \text{最小化} & w[R(\boldsymbol{x})] \\ \text{条　件} & E[R(\boldsymbol{x})] = r \\ & \boldsymbol{x} \in X \end{array}\right. \qquad (4.28)$$

を解こうというのである．

前節と同様，R_j の実現値 r_{jt}, $t = 1, \cdots, T$ を用いて上の問題を書き直してみよう．

$$r_j = E[R_j] = \sum_{t=1}^{T} \frac{r_{jt}}{T} \qquad (4.29)$$

とすると

$$\begin{aligned} w[R(\boldsymbol{x})] &= E\left[\left|\sum_{j=1}^{n} R_j x_j - E\left[\sum_{j=1}^{n} R_j x_j\right]\right|\right] \\ &= E\left[\left|\sum_{j=1}^{n} (R_j - r_j) x_j\right|\right] \end{aligned} \qquad (4.30)$$

となるが，前節同様 $R_j = r_{jt}$ となる確率が $1/T$ であるとすれば

$$w[R(\boldsymbol{x})] = \sum_{t=1}^{T} \frac{\left|\sum_{j=1}^{n} (r_{jt} - r_j) x_j\right|}{T} \qquad (4.31)$$

となる．これより問題 (4.28) は

4.6 平均・絶対偏差モデル

$$
\begin{aligned}
&\text{最小化} \quad \sum_{t=1}^{T} \frac{|u_t|}{T} \\
&\text{条 件} \quad u_t - \sum_{j=1}^{n}(r_{jt} - r_j)x_j = 0, \quad t = 1, \cdots, T \\
&\qquad\qquad \sum_{j=1}^{n} r_j x_j = r \\
&\qquad\qquad \sum_{j=1}^{n} x_j = 1 \\
&\qquad\qquad x_j \geqq 0, \quad j = 1, \cdots, n
\end{aligned}
\tag{4.32}
$$

と書くことができる．ではこの問題はどうやれば解けるのだろうか．

ここで次の線形計画問題を定義しよう．

$$
\begin{aligned}
&\text{最小化} \quad \sum_{t=1}^{T} \frac{v_t}{T} \\
&\text{条 件} \quad v_t \geqq \sum_{j=1}^{n}(r_{jt} - r_j)x_j, \quad t = 1, \cdots, T \\
&\qquad\qquad v_t \geqq -\sum_{j=1}^{n}(r_{jt} - r_j)x_j, \quad t = 1, \cdots, T \\
&\qquad\qquad \sum_{j=1}^{n} r_j x_j = r \\
&\qquad\qquad \sum_{j=1}^{n} x_j = 1 \\
&\qquad\qquad x_j \geqq 0, \quad j = 1, \cdots, n
\end{aligned}
\tag{4.33}
$$

定理 4.1 問題 (4.33) の最適解を $(x_1^*, \cdots, x_n^*, v_1^*, \cdots, v_T^*)$ とする．このとき $u_t^* = \sum_{j=1}^{n}(r_{jt} - r_j)x_j^*$, $t = 1, \cdots, T$ とおけば，$(x_1^*, \cdots, x_n^*, u_1^*, \cdots, u_T^*)$ が問題 (4.32) の最適解となる．

[証明] 演習問題としよう． □

線形計画問題 (4.33) は，2 次計画問題 (4.20) または (4.26) より解きやすいので，MAD モデルは MV モデルより大規模かつ複雑な問題を扱うことができる．

4.7 その他のモデル

平均・分散モデル (4.5) や平均・絶対偏差モデル (4.28) では，期待収益率を上回る場合も下回る場合と同様に望ましくないと想定されている．しかし普通に考えると，投資家は期待値を上回る収益が得られたときは歓迎するはずである．こう考えると，リスクとして計量すべきは，収益率が平均収益率を下回る部分だけでいいことになる．この立場からマーコビッツは，下半分散

$$V_-(R(\boldsymbol{x})) = E[(R(\boldsymbol{x}) - E[R(\boldsymbol{x})])_-^2] \tag{4.34}$$

を最小化する「平均・下半分散モデル」

$$\left|\begin{array}{ll} 最小化 & V_-[R(\boldsymbol{x})] \\ 条\ \ 件 & \sum_{j=1}^n r_j x_j = r \\ & \sum_{j=1}^n x_j = 1, \quad x_j \geqq 0, \quad j=1,2,\cdots,n \end{array}\right. \tag{4.35}$$

を提案している．ただし，$(z)_- = \max\{-z, 0\}$ である．

このモデルは，長い間計算上の困難などの理由で無視されてきたが，最近になって「平均・下半分散モデル」や「平均・下半絶対偏差モデル」(図 4.3(a))，そして収益率分布の下 5% 部分の期待値を最大化する「CVaR モデル」(図 4.3(b)) などが，理論上も実務上もすぐれたモデルであることが示されている．

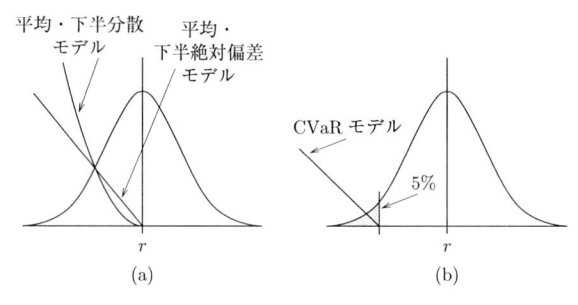

図 4.3

4.8 種々のモデル

次々と数式を並べてきたが，最後に実際の株式データを用いて，MV モデル (4.26)，MAD モデル (4.32)，平均・下半分散モデル (4.35)，シングル・ファクター・モデル ((4.20) で $K=1$ とおいたもの) を比較検討してみよう．用いたデータは，東京証券市場を代表する日経 225 銘柄に関する，2002 年 7 月から 2006 年 6 月までの 4 年間の月次収益率である．またシングル・ファクター・モデルのファクターとしては，日経 225 インデックスを採用した．

まず表 4.4 は，1 月あたりの期待収益率 r を 2% に固定して，MV モデル，MAD モデル，平均・下半分散モデル，シングル・ファクター・モデルを解いて得られるポートフォリオ $P_2, P_1, P_2', P_2(1)$ において，投資比率 x_j が正の値を

表 4.4 ポートフォリオに含まれる銘柄と投資比率の順位

銘柄	P_2	P_1	P_2'	$P_2(1)$	銘柄	P_2	P_1	P_2'	$P_2(1)$
日本水産	1	1	1	10	NTN				5
アサヒ	15		17		三菱電機				17
キリン	13		7	20	クラリオン	16			
キッコー	3	7	15	23	横河電機				2
ニチレイ				19	カシオ	4	3	5	
日本たばこ	7	9	9		川崎重工業				12
東洋紡				4	IHI				11
日本曹達	17			8	いすゞ		14	14	
武田薬品	9	12	2		トヨタ				9
塩野義製薬				6	日野自動車				7
エーザイ				1	富士重工業				3
テルモ	11	5	13		豊田通商	6	8	8	21
コニカ	12				三井物産				14
昭和シェル				18	みずほ信託	19	16		
日本ガイシ				16	川崎汽船	10	11	12	
住友金属工			10		東京電力	8	2	6	
日本軽金属		10		22	中部電力	2	6	4	25
住友金属鉱				15	東京ガス	5	4	3	
日立建機	14	13	11	24	ソフトバンク	18	15	16	
千代田化工				13					

とる銘柄名と，投資比率を大きい順にランキングした結果を表している．MVポートフォリオ P_2 と MAD ポートフォリオ P_1 は，どちらも 16〜19 銘柄程度で構成されており，投資比率の大きい方からベストテンをとると，そのうちの 8 銘柄が一致していることがわかる．そしてこれらベストテン銘柄のウェイトの合計も，60〜70% と似通っている．また両者のリスク (標準偏差) も 10% 程度しか違わない．これに比べると，4 列目に示したシングル・ファクター・モデルのポートフォリオ $P_2(1)$ は，かなり違った振舞いを示しており，リスクは MV ポートフォリオの 2 倍近くに達する．

次に図 4.4 は，これらのポートフォリオを 2006 年 7 月に購入したときに，その価値が 1 年間を通じてどのように変化するか示したものである．このグラフを見ると，1 年間の成績は P_1 が最高で，P_2 と $P_2(1)$ がこれに次いでいる．これに比べると，日経 225 インデックスのパフォーマンスは，かなり悪くなっている．

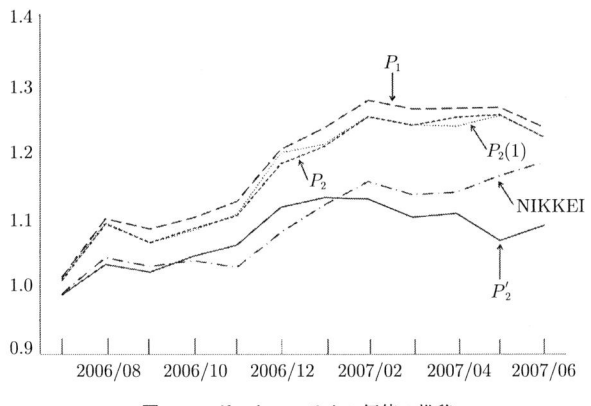

図 4.4 ポートフォリオの価値の推移

データや収益率 r の選び方によって，これとは違う結果が出ることはもちろんであるが，さまざまなシミュレーションを行った結果，P_1 と P_2 は r をあまり大きくしない限り (つまりあまり欲張らない限り)，日経 225 や TOPIX の成績を上回ることが確認されている．これに比べると，$P_2(1)$ は一般的にいって P_1，P_2 よりハイリスクである．シングル・ファクター・モデルの近似の粗さからして，これはやむをえないことというべきであろう．

5 大学の効率性評価
——データ包絡分析法 DEA

5.1 問題設定

　国立大学の法人化,事業仕分けによる研究費の削減,少子化の進行に伴う全入時代の到来に加え,ゆとり教育による「円周率 = 3」の世代や分数がわからない学生など,従来であれば大学に入りえなかったレベルの学生の大量出現等々,21世紀に入り日本の大学を巡る環境は,熾烈を通り越して悲惨なものとなっている.そんな状況にあって,大学の多くは「研究」という長期的将来を見据えたものに対する投資を少なくして,目先の学生獲得に鎬を削る傾向を強くしている.

　いまさらいうまでもないが,大学に託された役割は極めて多面的といえる.大学の役割が「できない学生をできるようにする」のであれば現状もいたしかたないだろうが,そもそも大学には既存の知識を継承していくだけでなく,学問の領域を切り拓いていく役割もある.とはいえ,大学経営が傾いてしまっては元も子もない….大学余剰の時代にあって,大学の役割を多面的に評価する必要性は増しているといえよう.

　そんな大学の多面的な特徴を総合的に評価するには,それぞれの特徴に対する評価を適当にウェイトづけする AHP のような方法もあるが,教育,研究どちらが重要かといった議論について結局評価者の思い入れが反映されるだけでは困る.DEA (data envelopment analysis：データ包絡分析法) はそういったトレードオフを天下り的に無理やり解決しないで,多面性をもった主体 (ここでは大学) の効率性評価を行う方法である.

5.2 効率性とパレート効率性

DEA は，1970 年代末にチャーンズ (A.Charnes) とクーパー (W.W.Cooper) によって提案された，さまざまな対象 (事業体やスポーツ選手など) の効率性を評価するための方法で，数理最適化法を評価に用いる点に特徴がある．DEA にはさまざまなヴァリエーションが存在しているが，ここでは最も基本的な CCR モデル (文献[20]) について紹介していこう．

説明を簡単にするために，大学における教員の働きに焦点を当て，その効率性を「研究」と「教育」の二つから評価してみよう．表 5.1 は文献[19]で示された日本国内の大学ランキングのうち，上位 15 の私立大学の「教員数」「科研費」「学生数」のデータである．このうち，科研費は「科学研究費補助金」と呼

表 5.1　15 大学の教員数と科研費と学生数と二つの効率値

大学		入力		出力 1		出力 2		出力 1/入力		出力 2/入力	
								教員 1 人あたり			
添字	大学名	教員数 [人]		科研費 [億円]		学生数 [人]		科研費 [百万円/人]		学生数 [人/人]	
o		x	順位	y_1	順位	y_2	順位	y_1/x	順位	y_2/x	順位
1	KO 大	1,520	1	30.2938	1	33,827	2	1.993	1	22.3	12
2	TT 工大	40	15	0.3194	13	447	15	0.799	3	11.2	15
3	W 大	1,442	2	22.0569	2	53,071	1	1.530	2	36.8	6
4	KZ 大	625	9	4.323	5	8,332	10	0.692	6	13.3	14
5	KG 大	665	5	3.2936	9	21,182	8	0.495	10	31.9	8
6	D 大	665	5	4.7331	3	27,609	7	0.712	5	41.5	3
7	S 工大	289	12	1.459	11	8,105	11	0.505	9	28.0	10
8	T 農大	320	11	2.4519	10	12,582	9	0.766	4	39.3	5
9	MJ 大	925	4	4.3143	6	32,715	3	0.466	11	35.4	7
10	TD 大	93	14	0.2249	14	2,915	14	0.242	14	31.3	9
11	KS 大	637	7	3.742	7	30,178	5	0.587	7	47.4	1
12	KK 大	1,288	3	4.525	4	32,242	4	0.351	12	25.0	11
13	HO 大	120	13	0.0914	15	4,900	13	0.076	15	40.8	4
14	C 大	636	8	3.4099	8	28,547	6	0.536	8	44.9	2
15	KZ 工大	328	10	1.1142	12	7,265	12	0.340	13	22.1	13

データは[19]に掲載されたデータ

ばれる，国から提供される研究費であり，大学教員や公的研究機関に属する研究者が応募して，提出された研究計画書にもとづく審査によって獲得できるかどうかが決まる競争的研究資金の中でも最大規模のものである．ここでは (やや強引であることを承知で)，各大学が獲得した科研費総額が大学 (が抱える教員全体) の研究能力を表していると考えよう．

もちろん，教員数が多いほど獲得科研費の総額が大きくなる傾向があるので，研究の「効率性」を測るには「科研費総額」を「教員数」で割った

$$教員1人あたり科研費 = \frac{科研費総額}{教員数} \quad :研究の効率性$$

で与えられる「教員1人あたり科研費」で見るのがよいだろう．表 5.1 から，KO 大学と W 大学はこの値が百万円を大きく超えており，研究 (資金獲得) 効率が高いということになる．ここでは大学を，「教員数」を入力，獲得「科研費」を出力とする図 5.1 のようなシステムと見なすことで，大学の「研究の効率性」を測定していることに注意しよう．

一方，大学がどれくらい多くの学生の教育を行っているかについて，大雑把に「学生数」で把握するとすれば，その「教育」の効率性は

$$教員1人あたり学生数 = \frac{学生数}{教員数} \quad :教育の効率性$$

となる．ここでは大学を，「教員数」を入力，「学生数」を出力とする，図 5.2 のようなシステムと見なすことで，大学の「教育の効率性」を測定していると考えられる．ちなみにこの指標で見ると，KS 大学は教員1人あたり 47 名程度の学生を教育する一方，TT 工大は 11 名程度と少数であることがわかる．また「研究」効率では，1人あたり7万6千円しか科研費獲得がなかった HO 大学は，1人あたり 40 名程度の学生を担当しており，教育指向が強いことがわかる．

このように，ある入力に対して，ある出力がどれくらい得られるか，その生

教員数 ⟹ 大学 ⟹ 科研費

図 **5.1** 教員を入力，科研費を出力としたシステム

教員数 ⟹ 大学 ⟹ 学生数

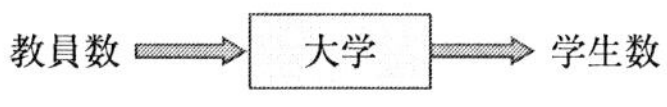

図 **5.2** 教員を入力，学生を出力としたシステム

産性を測る上で，上記のような比

$$効率性 = \frac{出力}{入力}$$

を計算してみることは，ごく自然であろう．一方，表5.1右端に記した二つの効率性の順位を見れば，「研究」と「教育」のような異なる効率性の間には，"片方を改善しようとすると，もう片方を劣化させてしまう" トレードオフ関係もあることがわかる．このような状況において，これら複数の相反する効率性を，どのように同時に眺めたらよいであろうか．

この点を解決するためにDEAが導入する基準は，「パレート効率性」として知られる，もう一つの異なる効率性の概念である．これを理解するために，「教員1人あたり科研費」と「教員1人あたり学生数」をプロットした図5.3を眺めてみよう．これを見ると次のことがわかる．

- 二つの効率値とも，大学経営の観点からは大きければ大きいほどよいので，図の中では右にあればあるほど，また，上にあればあるほど好ましいと考えられる．
- KO大，W大，KS大の三つは，二つの効率値が右上に位置するが，二つの項目両方において首位の大学はない．

このように複数(この場合二つ)評価項目がある場合，すべての項目で劣るわけではない評価対象(ここではKO大，W大，KS大)の間に，無理やり優劣をつける必要はないというのが，DEAの基本的な考え方である．

これら "すべての項目で劣るわけではない" 評価対象を，体系的に見極める

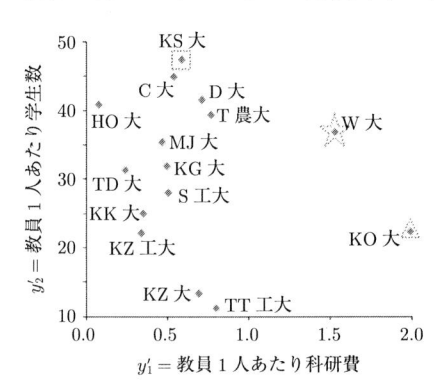

図 5.3　教員1人あたり科研費と教員1人あたり学生数

手がかりを与えておこう．

仮に「1人あたり科研費」が，「1人あたり学生数」に比べて半分程度重要であると考えているとしよう．その場合，

$$\frac{1}{2} \times \text{``1人あたり科研費''} + \text{``1人あたり学生数''}$$

の値を比べて，一番大きい評価対象が最も優れていると結論してもよいであろう．一方，「1人あたり科研費」が，「1人あたり学生数」と同程度重要であると考える場合には，

$$\text{``1人あたり科研費''} + \text{``1人あたり学生数''}$$

の値を比べて，一番大きいものが最も優れていると結論してもよいであろう．いずれにしても，正のウェイト $w_1, w_2 > 0$ を重要度に応じて適当に定め，

$$w_1 \times \text{``1人あたり科研費''} + w_2 \times \text{``1人あたり学生数''}$$

の値を比べている．ここで，ウェイト w_1, w_2 を決めると順位は一通りに定まる一方，単位が異なる効率値を足し合わせているので，ウェイトの決め方にどれだけ妥当性があるかについてはかなり議論の余地がある．DEAでは，このウェイトを評価対象ごとに変えてもよい，しかも，最も都合よくつけてよいとする．

たとえば，図5.4の上下それぞれの図に，平行線が4本ずつ描かれている．上図の平行線はウェイト (w_1, w_2) を用いたときの合成効率値の等高線を，下図の平行線は (w_1', w_2') を用いたときの合成効率値の等高線を表している．この場合，ウェイトが等高線の法線ベクトルになっていることに注意しよう．上図ではW大が最も大きな合成効率値を得ており，下図ではKO大が最も大きな合成効率値を得ていることがわかる．同様に，KS大も適当にウェイトを選ぶと，最も大きな合成効率値を得ることができる．このように，これら三つの大学は，"適当に正のウェイト (w_1, w_2) を設定すれば1位になることができる大学" として特徴づけられる．こういった，適当な正のウェイトによる合成値が1位になる評価対象を，パレート効率的な評価対象という[*1]．

逆にKG大のように，上記の3大学以外の大学は，どんなにうまく非負のウェ

[*1] もう少し厳密にいうと，図5.4に描かれた6角形の領域上でパレート効率的であるという．

5. 大学の効率性評価——データ包絡分析法 DEA

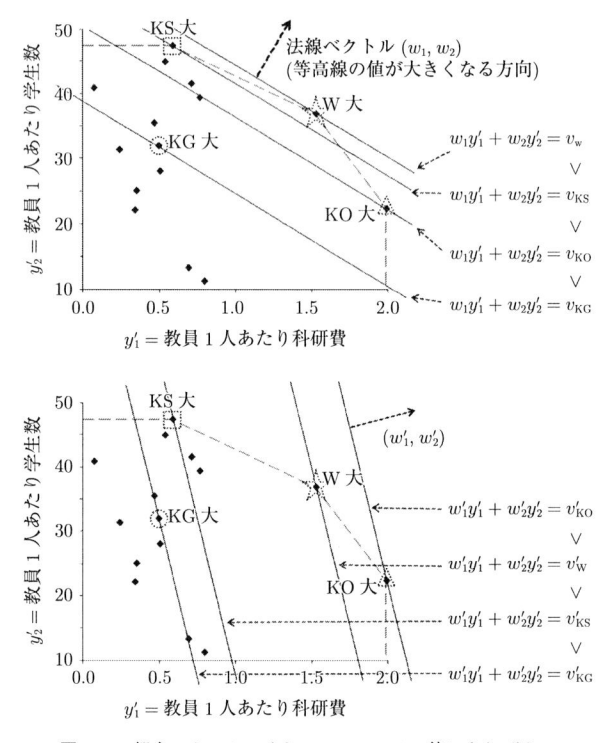

図 5.4 都合のよいウェイト (w_1, w_2) で 1 等になればよい

イト (w_1, w_2) をとっても，1 位をとることができない．DEA では，このように，評価対象にとって最も都合よくウェイトを決めさせて，それでもなお 1 位をとれない評価対象を非効率的であると判定する．

より数学的にこの評価方法を記しておこう．

各評価対象 $o = 1, \cdots, \ell$，それぞれについて，以下の線形計画問題 (LP) を解き，目的関数値を θ_o とおく：

$$\theta_o := \left| \begin{array}{ll} \displaystyle\max_{w_1, w_2} \quad w_1 \times \frac{y_{1o}}{x_o} + w_2 \times \frac{y_{2o}}{x_o} & : o \text{ の合成効率値最大化} \\ \text{条 件} \quad w_1 \times \frac{y_{1k}}{x_k} + w_2 \times \frac{y_{2k}}{x_k} \leq 1, \ k = 1, \cdots, \ell & \\ & : \text{合成効率値の上限が 1} \\ \quad\quad\quad\quad w_1, w_2 \geqq 0 & : \text{ウェイトは非負} \end{array} \right.$$

(5.1)

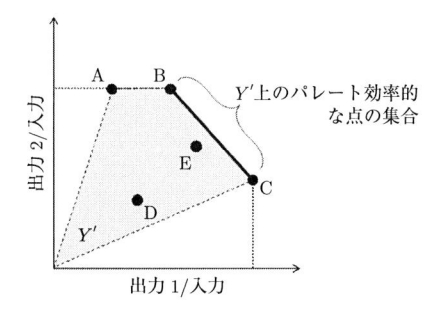

図 5.5　$\theta_o = 1$ でありながらパレート効率的でない例

このとき，$\theta_o = 1$ となったものはパレート効率的な評価対象の候補であり，$\theta_o < 1$ となったものは非効率である．$\theta_o = 1$ なのに "パレート効率的な評価対象の候補" という控えめな言い方をするのは，$\theta_o = 1$ でありながら，相対的に見て，明らかに劣る場合があるからである．たとえば，図 5.5 のような状況では，評価対象 A，B，C に対して $\theta_A = \theta_B = \theta_C = 1$ となるが，A は「出力 2/入力」が B と等しい一方，「出力 1/入力」が B より劣っている．すなわち，2 戦して 1 敗 1 分けであるから，B の方が A よりも明らかによいのである．このような場合，A を効率的だと言い切るのは，いささか不自然というものであろう．実際，この問題は LP (5.1) の制約条件で "$w_1, w_2 > 0$" でなく，"$w_1, w_2 \geqq 0$" とせざるをえないことに起因している．そのような場合を体系的に検出するための手段 (2 段階法) については，次節で簡単に触れることにしよう．

5.3　一般的な記述

これまで見てきたように，DEA は評価対象間の相対評価を通じて，複数の観点から効率的な事業体と非効率的な事業体を峻別する．加えて，DEA は非効率的と判断された事業体に対してどう改善したら効率的になるのか，一つの方針を与えてもくれる．この節では複数入力・複数出力に対する一般的な手続きを説明しよう．

たとえば，前節の 3 項目に加えて，事務職などの「職員数」を新たに入力項目として加えた例を考えてみよう．このとき，この DEA 分析では「大学」を，図 5.6 のような 2 入力・2 出力のシステムと見なしている．このように，出力

78   5. 大学の効率性評価——データ包絡分析法 DEA

図 5.6　2 入力・2 出力のシステムとしての「大学」

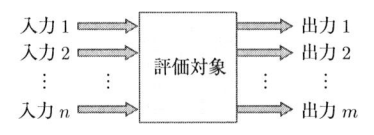

図 5.7　n 入力・m 出力のシステムとしての評価対象

も入力も複数ある場合になると，前節で描いた散布図によって直観的に比較することが難しくなるが，方針を一般化することで，出力や入力を任意の数に変更しても分析できるようになる．

以下では，評価対象が m 個の出力と n 個の入力からなるシステムであると考える (図 5.7)．いま，各評価対象 k につき，入力

$$\boldsymbol{x}_k = (x_{1k}, \cdots, x_{nk})^\top$$

と出力

$$\boldsymbol{y}_k = (y_{1k}, \cdots, x_{mk})^\top$$

が与えられているとする．ここで簡単のため，以下を仮定する．

仮定 5.1 (データの仮定)　すべての評価対象 k について，出力データ y_{ik} はいずれも非負で，少なくとも一つの項目は正である．また，(他の入出力項目が一定ならば) y_{ik} は値が大きい方がシステムの効率性を高める．同様に，入力データ x_{jk} はいずれも非負で，少なくとも一つの項目は正である．また，(他の入出力項目が一定ならば) x_{jk} は値が小さい方がシステムの効率性を高める．　□

これらの仮定を緩める方法については，専門書 (たとえば文献[17, 21]) を参照していただきたい．

入力や出力の個数が複数になる場合でも，まず以下で定める仮想的な効率値のアイデアから理解するのが簡単である．

定義 5.1 (仮想効率値)　ある非負のウェイト $u_1, \cdots, u_m, v_1, \cdots, v_n$ に対して，

$$仮想効率値 = \frac{仮想出力}{仮想入力} = \frac{\sum_{i=1}^{m} u_i y_{ik}}{\sum_{j=1}^{n} v_j x_{jk}}$$

で定義される比を評価対象 k の仮想効率値という． □

このとき，前節で示した"寛大な"方針を拡張して適用して，評価対象ごとに最も都合のよい仮想効率値 θ_o を計算する．具体的には，各評価対象 o につき，以下の分数関数の最大化問題を解く：

$$\theta_o = \begin{vmatrix} \text{最大化} \\ u_i, v_j \end{vmatrix} \begin{array}{l} \dfrac{\sum_{i=1}^{m} u_i y_{io}}{\sum_{j=1}^{n} v_j x_{jo}} \qquad\qquad\qquad :o\text{の仮想効率値最大化} \\[2mm] 条件\quad \dfrac{\sum_{i=1}^{m} u_i y_{ik}}{\sum_{j=1}^{n} v_j x_{jk}} \leqq 1,\ k=1,\cdots,\ell \ :仮想効率の上限が1 \\[2mm] \qquad\quad u_1,\cdots,u_m,v_1,\cdots,v_n \geqq 0 \qquad :入出力のウェイトは非負 \end{array}$$
(5.2)

ここで，目的関数は評価対象 o の仮想効率値であり，制約条件は，o も含めた ℓ 個すべての評価対象の仮想効率値の上限が 1 であることと，ウェイト $u_1,\cdots,u_m,v_1,\cdots,v_n$ の非負性を表している．前節の LP (5.1) は，(5.2) で $n=1, m=2, u_i/v_1 = w_i$ としたものに等しいことに注意しよう．

入力が二つ以上になると，このように簡単な変数変換だけで目的関数の分数を線形式に見なすことはできないので，その場合，分数計画 (5.2) 式は一見解くのが難しそうであるが，実は関連した LP を解くことで最適解が得られることを証明できる．

定理 5.1 (分数計画の線形計画への帰着) 仮定 5.1 の下で，LP

$$\theta_o = \begin{vmatrix} \text{最大化} \\ u_i, v_j \end{vmatrix} \begin{array}{l} \sum_{i=1}^{m} u_i y_{io} \qquad\qquad\qquad\qquad\ :o\text{の仮想出力最大化} \\[2mm] 条件\quad \sum_{j=1}^{n} v_j x_{jo} = 1 \qquad\qquad\qquad :o\text{の仮想入力が一定} \\[2mm] \qquad\quad \sum_{i=1}^{m} u_i y_{ik} - \sum_{j=1}^{n} v_j x_{jk} \leqq 0,\ k=1,\cdots,\ell \\[2mm] \qquad\qquad\qquad\qquad\qquad\qquad\qquad :仮想効率値の上限が1 \\[2mm] \qquad\quad u_1,\cdots,u_m,v_1,\cdots,v_n \geqq 0 \qquad :ウェイトは非負 \end{array}$$
(5.3)

は最適解をもち，それを $(u_1^*, \cdots, u_m^*, v_1^*, \cdots, v_n^*)$ とすると，これは分数計画 (5.2) の最適解 (の一つ) になっていて，(5.2) と (5.3) の最適値は一致する．□

証明は演習問題としよう．

(5.3) は LP であるから簡単に解くことができる．しかし，通常 DEA といえば，LP (5.3) の双対問題と呼ばれる，もう一つの LP

$$\theta_o = \left| \begin{array}{ll} \text{最小化} & \theta \\ \theta, \lambda_k & \\ \text{条 件} & \sum_{k=1}^{\ell} \lambda_k \boldsymbol{x}_k \leqq \theta \boldsymbol{x}_o \\ & \sum_{k=1}^{\ell} \lambda_k \boldsymbol{y}_k \geqq \boldsymbol{y}_o \\ & \lambda_1, \cdots, \lambda_\ell \geqq 0 \end{array} \right. \tag{5.4}$$

を解くことが多い．

双対問題とは，簡単にいえば，もとの LP を別の角度から眺めることで得られる，ほぼ同じ情報を共有する別の LP である．一般に，LP は

$$\left| \begin{array}{ll} \text{最大化} & \sum_{i=1}^{n_1} b_i p_i + \sum_{i=1}^{n_2} \beta_i q_i \\ p_i, q_i & \\ \text{条 件} & \sum_{i=1}^{n_1} a_{ji} p_i + \sum_{i=1}^{n_2} \alpha_{ji} q_i \leqq c_j, \ j = 1, \cdots, m_1 \\ & \sum_{i=1}^{n_1} \bar{a}_{ji} p_i + \sum_{i=1}^{n_2} \bar{\alpha}_{ji} q_i = \bar{c}_j, \ j = 1, \cdots, m_2 \\ & p_i \geqq 0, \ i = 1, \cdots, n_1 \end{array} \right. \tag{5.5}$$

の形で書ける．ここで $a_{ji}, \alpha_{ji}, \bar{a}_{ji}, \bar{\alpha}_{ji}, b_i, \beta_i, c_j, \bar{c}_j$ は定数である．この LP の双対問題は

$$\left| \begin{array}{ll} \text{最小化} & \sum_{j=1}^{m_1} c_j \xi_j + \sum_{j=1}^{m_2} \bar{c}_j \zeta_j \\ \xi_j, \zeta_j & \\ \text{条 件} & \sum_{j=1}^{m_1} a_{ji} \xi_j + \sum_{j=1}^{m_2} \bar{a}_{ji} \zeta_j \geqq b_i, \ i = 1, \cdots, n_1 \\ & \sum_{j=1}^{m_1} \alpha_{ji} \xi_j + \sum_{j=1}^{m_2} \bar{\alpha}_{ji} \zeta_j = \beta_i, \ i = 1, \cdots, n_2 \\ & \xi_j \geqq 0, \ j = 1, \cdots, m_1 \end{array} \right. \tag{5.6}$$

で与えられる．(5.4) が (5.3) の双対問題になっていることを確認していただき

5.3 一般的な記述

たい．

双対理論によれば，(5.4) の最適解の情報が与えられると，(5.3) の最適解の情報も得られる．

定理 5.2 (LP の双対定理) もとの LP (5.5) と双対の LP (5.6) いずれも実行可能ならば，いずれも最適解を持ち，双方の最適値は一致する． □

双対理論の詳細については，p.150 もしくは専門書を参照していただきたい．

仮定 5.1 の下で，(5.3)，(5.4) はいずれも実行可能である．したがって，それぞれ最適解をもち，最適値は一致する．実際，単体法などを用いて，いずれか一方を解けば，もう一方の最適解も得ることが可能である．

DEA では，入出力項目が増えるほど効率的と判断されるものが増え，非効率性を峻別する能力を失う傾向があるので，入出力項目数 $n+m$ に比べると評価対象数 ℓ はずっと少ない (少なくとも前者の 1/3 以下である) ことが要請される．このことはもとの LP (5.3) に比べ，双対問題 (5.4) の方が，複数の変数にまたがる制約式の本数がずっと少なく，したがって，より高速に計算できることを示唆している．

この双対問題の含意を理解するために，前節の 15 大学 1 入力・2 出力の例 (表 5.1) に当てはめてみよう．いま評価対象を KG 大 ($o=5$) とすると，解くべき双対問題は

$$\theta_5 = \left| \begin{array}{l} \text{最小化} \ \theta \\ \quad \theta, \lambda_k \\ \text{条 件} \ \ 1{,}520\lambda_1 + 40\lambda_2 + \cdots + 328\lambda_{15} \leqq 665\theta \\ \qquad \begin{pmatrix} 30.2938 \\ 33827 \end{pmatrix} \lambda_1 + \begin{pmatrix} 0.3194 \\ 447 \end{pmatrix} \lambda_2 + \cdots + \begin{pmatrix} 1.1142 \\ 7265 \end{pmatrix} \lambda_{15} \\ \qquad \geqq \begin{pmatrix} 3.2936 \\ 21182 \end{pmatrix} \\ \qquad \lambda_1, \lambda_2, \cdots, \lambda_{15} \geqq 0 \end{array} \right.$$

である．ここで $\lambda_1' := \frac{1{,}520}{665\theta}\lambda_1, \lambda_2' := \frac{40}{665\theta}\lambda_2, \cdots, \lambda_{15}' := \frac{328}{665\theta}\lambda_{15}$ という具合に，$\lambda_k' := \frac{x_k}{x_o\theta}\lambda_k$ および $\theta' := \frac{1}{\theta}$ という変数変換をすると，この LP は

$$\frac{1}{\theta_5} = \left| \begin{array}{l} \text{最大化} \quad \theta' \\ \phantom{\text{最大化}}_{\theta', \lambda'_k} \\ \text{条 件} \quad \lambda'_1 + \lambda'_2 + \cdots + \lambda'_{15} \leqq 1 \\ \phantom{\text{条 件}} \quad \boldsymbol{y}'_1 \lambda'_1 + \boldsymbol{y}'_2 \lambda'_2 + \cdots + \boldsymbol{y}'_{15} \lambda'_{15} \geqq \boldsymbol{y}'_5 \theta' \\ \phantom{\text{条 件}} \quad \lambda'_1, \lambda'_2, \cdots, \lambda'_{15} \geqq 0 \end{array} \right. \tag{5.7}$$

を解くことに等しいことがわかる．ただし，$\boldsymbol{y}'_k := \begin{pmatrix} y_{1k}/x_k \\ y_{2k}/x_k \end{pmatrix}, k = 1, \cdots, 15$ である．

KG 大に対するこの問題の含意を，図 5.8 を通して理解しておこう．まず，

$$Y' := \{\boldsymbol{y}' = (y'_1, y'_2)^\top : \lambda'_1 + \cdots + \lambda'_{15} \leqq 1 \text{ を満たす} \lambda'_1, \cdots, \lambda'_{15} \geqq 0 \text{ に対して} \\ \boldsymbol{y}' = \boldsymbol{y}'_1 \lambda'_1 + \cdots + \boldsymbol{y}'_{15} \lambda'_{15}\}$$

で表される領域が，図 5.8 で塗りつぶされた六角形の領域であることに注意しよう．さらに，

$$K_5(\theta') := \{\boldsymbol{y}' = (y'_1, y'_2)^\top : \boldsymbol{y}' \geqq \theta' \boldsymbol{y}'_5\}$$

は，KG 大の入力で基準化された出力ベクトル $\boldsymbol{y}'_5$ を θ' 倍したベクトル $\theta' \boldsymbol{y}'_5$ の右上にある領域で，$\theta' \boldsymbol{y}'_5$ を頂点とした錐で表される．ここで，θ' が増加するにつれ，錐が右上にシフトしていくことに注意しておこう．

ここから，KG 大に対する LP (5.7) は，Y' と $K_5(\theta')$ が交わりをもつ範囲でなるべく大きな θ' を見つける問題となっていることがわかる．結果，図 5.8 で

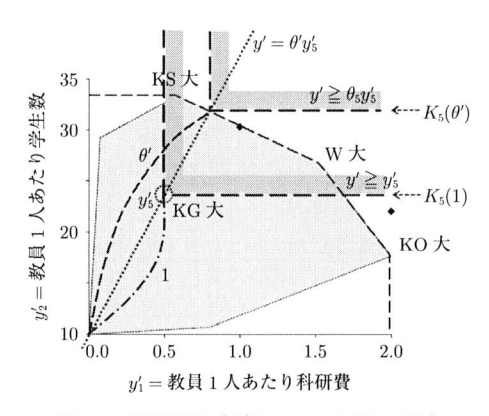

図 5.8 双対問題の解釈：スラックがない場合

Y' と錐 $K_5(\theta')$ が接する $\theta' = 1/\theta_5$ が最適値になっている．もともとの問題の変数である θ は $\theta = 1/\theta'$ であるから，KG 大は，出力である「科研費」と「学生数」を一定のまま入力である「教員数」を $1/\theta'$ 倍する，もしくは入力「教員数」を一定にして出力「科研費」と「学生数」を一律 θ' 倍すれば，DEA の意味で効率的な大学になれることがわかる．

このように，DEA では，効率的な評価対象を見極めるだけでなく，非効率的な対象に対してはどのようにしたら効率的になるか，その道筋を示してくれるという利点がある．

同様に，KZ 大 $(o = 4)$ に対する LP (5.7) に相当する問題の含意を，図 5.9 を通して理解しておこう．KG 大の場合と同様に，原点から y'_4 を通って伸びる直線を頂点とする錐が，六角形の領域と交わる範囲でなるべく θ' を大きくしていくと，錐の境界 (母線) が，KO 大の点 y'_1 を通るところまで移動できる．このときの θ' が $1/\theta_4$ であり，その錐の頂点が，効率的となるために KZ 大がとりあえず目指すべき点 $(y'_{14}, y'_{24})/\theta_4$ である．

しかしながら，この点は厳密には効率的ではない．なぜならば，KO 大の点 (y'_{11}, y'_{21}) が，その目指すべき点よりも y'_2 軸方向に $y'_{21} - \frac{y'_{24}}{\theta_4}$ だけ大きいからである．したがって，KZ 大は入力である「教員数」を $1/\theta_4$ 倍して縮小したあと，出力 2 である「学生数」を $y'_{21} - \frac{y'_{24}}{\theta_4}$ だけ増加させることでようやく，KO 大並みの効率性を得ることができるという次第である．

このように，入力 (あるいは出力) を定数倍するだけでは必ずしも効率的な存在になれるわけでなく，特定の入力を減少あるいは出力を増加させることと合

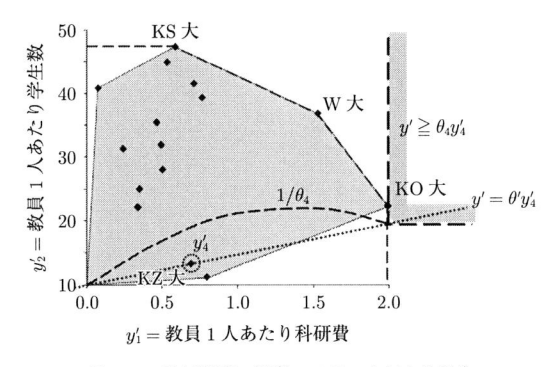

図 5.9 双対問題の解釈：スラックがある場合

表 5.2 49 私大の教員数, 職員数,

添字 o	大学名	入力1 教員数 [人]	入力2 職員数 [人]	出力1 科研費 [億円]	出力2 学生数 [人]	効率値 θ_o	KO 大 λ_1^*	W 大 λ_3^*
1	KO 大	1,520	2,946	30.2938	33,827	1.000	1	
2	TT 工大	40	53	0.3194	447	0.447	0.007	0.005
3	W 大	1,442	801	22.0569	53,071	1.000		1
4	KZ 大	625	4,276	4.3230	8,332	0.413	0.053	0.123
5	KG 大	665	482	3.2936	21,182	0.707		
6	D 大	665	437	4.7331	27,609	0.941		
7	S 工大	289	153	1.4590	8,105	0.656		
8	T 農大	320	180	2.4519	12,582	0.921		
9	MJ 大	925	495	4.3143	32,715	0.809		
10	TD 大	93	91	0.2249	2,915	0.660		
11	KS 大	637	584	3.7420	30,178	1.000		
12	KK 大	1,288	2,650	4.5250	32,242	0.537		
13	HO 大	120	83	0.0914	4,900	0.859		
14	C 大	636	568	3.4099	28,547	0.948		
15	KZ 工大	328	232	1.1142	7,265	0.492		
16	RM 大	1,129	1,457	8.7006	36,576	0.759		
17	MS 大	109	86	0.4056	4,602	0.890		
18	RK 大	596	302	3.0364	20,444	0.804		
19	NH 大	2,131	1,303	8.1119	73,607	0.757		
20	TT 大	259	178	1.5511	7,274	0.651		
21	O 工大	274	119	0.7143	7,561	0.689		
22	NZ 大	319	160	1.1437	9,834	0.725		
23	DK 大	772	3,434	0.2626	13,280	0.362		
24	K 産大	397	396	1.9138	13,125	0.713		
25	A 学大	458	295	2.6998	20,357	0.984		
26	J 大	493	287	2.3740	11,963	0.567		
27	So 大	264	211	0.7380	7,787	0.622		
28	O 女大	193	165	0.2899	8,402	0.916		
29	Ho 大	725	413	3.6313	30,488	0.936		
30	T 福大	178	153	0.2139	5,488	0.649		
31	MY 大	315	126	0.4519	6,034	0.494		
32	K 女大	108	91	0.2814	4,651	0.906		
33	GS 大	230	85	2.8650	8,652	1.000		
34	KN 大	284	214	1.4135	9,442	0.732		
35	M 城大	484	290	2.7006	16,344	0.770		
36	M 女大	282	226	0.7553	8,632	0.645		
37	Se 大	202	185	0.6211	8,186	0.854		
38	TK 大	1,496	1,027	5.7835	29,158	0.447		
39	K 外大	265	120	0.2262	10,799	1.000		
40	S 女大	220	97	0.4340	5,775	0.651		
41	KK 学大	241	152	0.3978	10,761	0.946		
42	T 理大	519	314	6.5417	20,755	1.000		
43	M 学大	292	235	0.7555	12,453	0.898		
44	K 学大	221	164	1.0065	6,745	0.673		
45	TY 大	634	405	1.7773	30,124	1.000		
46	TH 大	454	3,001	1.8224	5,314	0.300		0.028
47	N 工大	136	119	0.3965	4,649	0.720		
48	T 女大	119	114	0.4381	4,313	0.764		
49	AS 大	222	79	0.1288	8,242	1.000		
					参照集合登場回数 →		3	4

科研費，学生数と DEA の計算結果

参照集合の和集合						スラック			
KS 大 $\lambda_{11}^\star$	GS 大 $\lambda_{33}^\star$	K 外大 $\lambda_{39}^\star$	T 理大 $\lambda_{42}^\star$	TY 大 $\lambda_{45}^\star$	AS 大 $\lambda_{49}^\star$	入力 1 $s_1^\star$	入力 2 $s_2^\star$	出力 1 $t_1^\star$	出力 2 $t_2^\star$
						0.0	0.0	0.00	0.0
						0.0	0.0	0.00	65.9
						0.0	0.0	0.00	0.0
						0.0	1511.9	0.00	0.0
0.257			0.290	0.246		0.0	0.0	0.00	0.0
0.118			0.540	0.426		0.0	0.0	0.00	0.0
	0.323		0.041	0.148		0.0	0.0	0.00	0.0
	0.311		0.184	0.202		0.0	0.0	0.00	0.0
	1.056	0.248		0.694		0.0	0.0	0.00	0.0
0.027				0.070		0.0	16.1	0.00	0.0
1						0.0	0.0	0.00	0.0
0.977				0.133		0.0	810.0	0.00	0.0
				0.163		0.0	5.5	0.20	0.0
0.866			0.005	0.077		0.0	0.0	0.00	0.0
0.073			0.102	0.098		0.0	0.0	0.00	0.0
0.490			1.050			0.0	490.1	0.00	0.0
0.068				0.084		0.0	2.5	0.00	0.0
	0.821	0.252		0.352		0.0	0.0	0.00	0.0
	0.586		0.450	1.966		0.0	0.0	0.00	0.0
0.065			0.187	0.048		0.0	0.0	0.00	0.0
	0.206	0.525		0.004		0.0	0.0	0.00	0.0
	0.289	0.282		0.143		0.0	0.0	0.00	0.0
				0.441		0.0	1064.7	0.52	0.0
0.385			0.072			0.0	34.5	0.00	0.0
0.040			0.267	0.452		0.0	0.0	0.00	0.0
	0.191		0.229	0.184		0.0	0.0	0.00	0.0
0.142				0.116		0.0	1.2	0.00	0.0
				0.279		0.0	38.2	0.21	0.0
	0.755		0.010	0.788		0.0	0.0	0.00	0.0
				0.182		0.0	25.5	0.11	0.0
	0.126	0.252			0.270	0.0	0.0	0.00	0.0
0.004				0.151		0.0	19.3	0.00	0.0
	1					0.0	0.0	0.00	0.0
0.145			0.107	0.094		0.0	0.0	0.00	0.0
	0.167		0.253	0.321		0.0	0.0	0.00	0.0
0.125				0.161		0.0	7.4	0.00	0.0
0.070				0.201		0.0	35.3	0.00	0.0
0.247			0.673	0.257		0.0	0.0	0.00	0.0
		1				0.0	0.0	0.00	0.0
	0.115	0.431		0.004		0.0	0.0	0.00	0.0
		0.037		0.344		0.0	0.0	0.22	0.0
			1			0.0	0.0	0.00	0.0
0.011				0.403		0.0	41.6	0.00	0.0
0.095			0.080	0.074		0.0	0.0	0.00	0.0
				1		0.0	0.0	0.00	0.0
			0.185			0.0	819.0	0.00	0.0
0.062				0.092		0.0	12.1	0.00	0.0
0.094				0.049		0.0	12.5	0.00	0.0
					1	0.0	0.0	0.00	0.0
22	13	8	20	35	2				

わせることが "効率化" のために必要となる．この「出力の不足分」と「入力の余剰分」はスラックと呼ばれ，$(\theta, \lambda_1, \cdots, \lambda_\ell)$ に対して，

$$\begin{cases} \boldsymbol{s} & := \theta \boldsymbol{x}_o - \sum_{k=1}^{\ell} \lambda_k \boldsymbol{x}_k \\ \boldsymbol{t} & := \sum_{k=1}^{\ell} \lambda_k \boldsymbol{y}_k - \boldsymbol{y}_o \end{cases}$$

で定義される．この概念を使うと，図 5.5 で $\theta_o = 1$ となりながら明らかに劣る存在であった A のような評価対象を，体系的に発見することができる．

〔**2 段階法**〕 評価対象 o について LP (5.4) を解き，その解を $(\theta_o, \lambda_1^*, \cdots, \lambda_\ell^*)$ としよう．これに続いて次の LP を解く．

$$S_o = \left| \begin{array}{ll} \underset{s_j, t_i, \lambda_k}{\text{最大化}} & \sum_{j=1}^{n} s_j + \sum_{i=1}^{m} t_i \\ \text{条 件} & \boldsymbol{s} = \theta_o \boldsymbol{x}_o - \sum_{k=1}^{\ell} \lambda_k \boldsymbol{x}_k \\ & \boldsymbol{t} = \sum_{k=1}^{\ell} \lambda_k \boldsymbol{y}_k - \boldsymbol{y}_o \\ & \lambda_1, \cdots, \lambda_\ell \geqq 0; \boldsymbol{s}, \boldsymbol{t} \geqq \boldsymbol{0}. \end{array} \right. \quad (5.8)$$

この最適値 S_o が正であれば，たとえ LP (5.4) で $\theta_o = 1$ であっても図 5.5 の A のような存在であり，非効率的と判定される．

この手続きは 2 段階法と呼ばれ，厳密にはこの 2 段階のチェックを経て，パレート効率性が認定される．同時に (5.8) の最適解 $(\lambda_1^\star, \cdots, \lambda_\ell^\star, \boldsymbol{s}^\star, \boldsymbol{t}^\star)$ における $\boldsymbol{s}^\star, \boldsymbol{t}^\star$ を見ることで，どの入力項目をどれくらい減らすべきか，あるいはどの出力項目をどれくらい増やすべきかがわかる．

表 5.2 は，評価対象を前述の 15 から 49 に増やした上で，入力 2 として「職員数」を追加して，2 入力・2 出力のシステムと見なして 2 段階法の DEA を行った結果を示している．

表には文献 [19] のランキング順に 49 の大学を並べ，2 入力，2 出力データに続き，効率値 θ_o，目標となる効率的水準を達成するためのウェイト $\lambda_1^\star, \cdots, \lambda_{49}^\star$ のうち正のもの，スラック $s_1^\star, s_2^\star, t_1^\star, t_2^\star$ が掲載されている．

たとえば，KG 大は入力を 0.707 倍すると，KS 大を 0.257 倍したものと TR 大を 0.290 倍したものと TY 大を 0.246 倍したものを足し合わせた形の効率的

存在になることがわかる．また，KO 大，W 大，KS 大，GS 大，K 外大，T 理大，TY 大，AS 大が $\theta_o = 1$ であり，第 2 段階の LP (5.8) においてもスラックの総計が 0 となっており，パレート効率的な大学であることがわかる．

面白いのは，文献[19]のランキングでは (これら 49 大学の中では) 下位となっている TY 大や AS 大が効率的となっている点である．もちろん，文献[19]ではより多角的に 11 程度の指標を総合してランキングを算出しているので，今回用いなかった指標で成績が悪かったり，そういった指標に対するウェイトが大きく設定されていたりすると，このような"逆転"はおおいにありうることである．しかしながら，ランキング下位でも効率的となった大学には，今回用いた指標から見ればそれなりの強みがあると考えられる．実際，T 理大は実に 35 の非効率大学に対して $\lambda_{35}^\star > 0$ となっており，それらの目標水準として寄与している (このように評価対象に対して $\lambda_k^\star > 0$ を満たす k の集合を参照集合という)．これは，ランキング上位の KO 大や W 大の，自分自身を含めた参照回数がそれぞれ 3，4 であり，非効率大学の目標水準に寄与する大学としてそれほど登場していないのと比べると対照的である．このことから，非効率的となった大学の多くにとって，KO 大や W 大は"別格"であり，目指すべき効率的水準としては，KS 大，T 理大，TY 大あたりが (とりあえずの) 目標となることを示唆していると考えてもよいだろう．

5.4　入力指向モデルと出力指向モデル

前節で紹介した説明では，分数計画 (5.2) で仮想入力 (分母) を一定にした変換を経て LP に帰着した結果，「入力をどれくらい縮小する余地があるか」によって効率値を測る双対問題 (5.4) を得たのであった．このようなニュアンスから，(5.4) を解く DEA モデルを入力指向モデルということもある．逆に，分数計画 (5.2) で仮想出力 (分子) を一定にした変換で LP

$$\frac{1}{\theta_o} = \left| \begin{array}{l} \underset{u_i, v_j}{\text{最小化}} \quad \sum_{j=1}^{n} v_j x_{jo} \\ \text{条 件} \quad \sum_{i=1}^{m} u_i y_{io} = 1 \\ \qquad\quad \sum_{i=1}^{m} u_i y_{ik} - \sum_{j=1}^{n} v_j x_{jk} \leqq 0, \ k=1,\cdots,\ell \\ \qquad\quad u_1, \cdots, u_m, v_1, \cdots, v_n \geqq 0. \end{array} \right. \quad (5.9)$$

に帰着させることも可能である．ここで (5.2) を逆数の最小化に置き換えて変換しているので，(5.9) の最適値は，(5.2) もしくは (5.4) の最適値の逆数になることに注意しておこう．入力指向モデルのときと同様に，(5.9) に対応して

$$\frac{1}{\theta_o} = \left| \begin{array}{l} \underset{\eta, \lambda_k}{\text{最大化}} \quad \eta \\ \text{条 件} \quad \sum_{k=1}^{\ell} \lambda_k \boldsymbol{x}_k \leqq \boldsymbol{x}_o \\ \qquad\quad \sum_{k=1}^{\ell} \lambda_k \boldsymbol{y}_k \geqq \eta \boldsymbol{y}_o \\ \qquad\quad \lambda_1, \cdots, \lambda_\ell \geqq 0 \end{array} \right. \quad (5.10)$$

という，「出力をどれくらい拡大する余地があるか」(の逆数) によって効率値を測る双対問題が得られるが，こちらを出力指向モデルという．(5.4) と (5.10) の効率値は互いに逆数の関係にあり，効率値を知るだけならば片方を解くことで十分である．しかしながら，評価対象が非効率と判断された場合に与えられる処方せんは通常異なる．

同じ分数計画 (5.2) を出発点にしておきながら，得られる処方せんが異なったり，入力あるいは出力どちらか片方の伸縮に偏ったりするなどの非対称性に違和感を覚えるかもしれない．得られる解が異なるのは，そもそも分数計画 (5.2) の最適解の集合が広いことに起因する．実際，次のように，入力指向モデルで得られる処方せんを，出力指向モデルで得られる処方せんと混ぜ合わせても，依然最適解が得られる．

定理 5.3 (5.4) をもとに o を効率化した入出力のペアを $(\boldsymbol{x}^*, \boldsymbol{y}^*)$，(5.10) をもとに o を効率化した入出力のペアを $(\boldsymbol{x}', \boldsymbol{y}')$ とする．このとき，任意の非負数 $\alpha, \beta \geqq 0$ に対し

$$(\boldsymbol{x}^\dagger, \boldsymbol{y}^\dagger) := \alpha(\boldsymbol{x}^*, \boldsymbol{y}^*) + \beta(\boldsymbol{x}', \boldsymbol{y}')$$

で与えられる入出力のペアもパレート効率的な入出力のペアである. □

一方で，そもそも入出力を一律に伸縮させたあと，結局スラックを求めるのであるならば，スラックの減少だけで処方せんを与えられれば十分ではないかと思う読者もいるだろう．実際，文献[22]ではスラックだけを用いて，2回LPを解くことなく効率性を求めるSBMモデルが提案されている．

$$\rho_o = \left| \begin{array}{ll} \underset{s_j, t_i, \lambda_k}{\text{最大化}} & \dfrac{\frac{1}{n}\sum_{j=1}^{n}(x_{jo} - s_j)/x_{jo}}{\frac{1}{m}\sum_{i=1}^{m}(y_{io} + t_i)/y_{io}} \\ \text{条 件} & \boldsymbol{s} = \boldsymbol{x}_o - \sum_{k=1}^{\ell}\lambda_k \boldsymbol{x}_k \\ & \boldsymbol{t} = \sum_{k=1}^{\ell}\lambda_k \boldsymbol{y}_k - \boldsymbol{y}_o \\ & \lambda_1, \cdots, \lambda_\ell \geqq 0;\ \boldsymbol{s}, \boldsymbol{t} \geqq \boldsymbol{0} \end{array} \right. \tag{5.11}$$

このモデルの目的関数は，入力の不足分と出力の余剰分をもとに構成した比を表しており，スラックがない(つまり $\boldsymbol{s}, \boldsymbol{t} = \boldsymbol{0}$)場合には1，そうでなければ1より小さな正の値となることが簡単に確認できる．(5.11)の最適値 ρ_o も $0 < \rho_o \leqq 1$ を満たすので，これを効率値と見なすことができるが，その意味は上で述べてきた効率値 θ_o とはニュアンスが異なる．実際，$\theta_o \geqq \rho_o$ であることを示すことができる．

また，このモデルの求解も，(5.2)と同様にLPを解くことに帰着される．詳細は原著論文[22]や教科書[21]などを参照されたい．

このように，DEAと一口にいってもさまざまなヴァリエーションが提案されていて，それぞれのモデルの特徴を理解した上で使わないと，計算結果を誤って解釈してしまうことになりかねないことに注意しよう．

5.5 より妥当な適用を目指して

DEAの基本的な仕組みについて紹介してきたが，「学生は少ない方が教育の質が高いのでいいのではないか？」「経営面や財務的なコストなどを見なくていいのか？」「大学評価は短期的に見るだけでなく，長期的な視点が必要ではないか？」といったさまざまなツッコミを入れたくなる読者も多いかと思うが，そ

れはまったくその通りである．最後にそういった問題意識に対する方策を簡単に紹介しておこう．技術的な詳細については，教科書 (文献[17, 21]) あるいは適当な論文を参考にしていただきたい．

まず，今回取り上げた例は教員という労働力を使って，学生という顧客に対する教育サービスをいかに多くさばきつつ，研究生産性を高めるかという観点からの「効率性」を見るための一例である．しかし，視点を変えて教育サービスを受ける学生側から見れば，(授業料など他の条件が同一であれば) 教員 1 人あたり学生数は少ない方がありがたいという方が自然であろう．

その場合は，「授業料などの学生納付金」や「大学が国などから受ける補助金」を入力にして，「学生 1 人あたり教員数」や研究生産性を表す「研究費」「出版論文数」「論文の被引用数」「特許の数」といったものを出力にした，別の分析をすればよいであろう．また，大学経営からの効率性を見るのであれば，「研究」や「教育」の効率性とは別に，「財務」の効率性を別途分析するのがお薦めである．

DEA のよさは評価対象の多面性を尊重し，異質な項目を同時に取り入れることができる点にあるが，かといってあまりに次元の違うものを取り入れてしまうと，結局「一つでもよければ OK」といった話になってしまい，得られる改善案も現実味を失いかねない．このことは，フローのデータ (単年度の入出力で，たとえば利益，採用数) とストックのデータ (それまでの年度の蓄積で，たとえば資本金，卒業生数) を混合させた場合を考えると，わかりやすいだろう．そういったものについては，むしろ積極的に分けた方が，問題点と改善点が明確になるというものである．

「結局分けるなら，DEA を用いる必要性がないのではないか」と思われるかもしれないが，天下り的なウェイトづけによるランキングのように，各観点における多様な入・出力項目の存在価値を無視しないという点で，依然として DEA を適用するメリットはある．また，DEA を適用する際，どの入・出力項目を採用するかを考える作業を通じて，再度，評価対象をどのようなシステムとして眺めるのが適当かについて検討する機会を得るという，副次的な作用もある．

対象をシステムとして眺めていくと，「事業体」や「特定の人」のように，対象が単年度ばかりでなく複数年度にわたって存在する場合，効率性がどのように変化していくのかに興味が湧いてくることもあろう．その場合，「ウィンドウ

分析」や「マルムクィスト分析」と呼ばれる，多期間にわたる効率性を計算する方法が有用である．その説明については，文献[18] の 6.2 節を参照されたい．

また，今回「科研費」を出力として採用したが，「そもそも研究費は研究の手段であるから入力ではないか？」と疑問をもたれる方も多いと思われる．それはもっともであるが，現実に「科研費」が大学評価の項目になっており，その獲得が目標化している側面もあり，今回は出力とした．達観すれば，科研費は「入力」であり「出力」でもある．そのようなアンビバレントな存在をどのように扱うかについては，十分な議論を積み重ねる必要があるが，最近 DEA の分野で提案されている「ネットワーク DEA」は，それに対する一つの解決策を与えてくれる．ネットワーク DEA では，評価対象の中身を複数のサブシステム (部門) からなるものと見なす．このため，ある部門の出力が別の部門の入力となることを許すことができる．したがって，たとえば図 5.10 のような部分システムの統合を考えることで，この問題を止揚することができるという次第である．

このほか，小さければ小さいほど好ましい出力，大きければ大きいほど好ましい入力項目の取扱いや，システムの入出力構造の形状に制約を設けたモデルなど DEA にはさまざまなヴァリエーションが議論されている．これらについては，教科書 (文献[17, 21]) や最新の文献を参考にしていただきたい．

図 5.10 システムの中身をサブシステムで構築する

6 大人数クラスの運営法
——ゲーム理論

6.1 はじめに

　K 教授はこれまで 20 年にわたって，200 人を超える 1 年生を対象に，この本の内容を材料とする講義を行ってきた．第 1 章で紹介したクラス編成法を使うようになってからは，このクラスはほとんどが第 1 志望の学生，それも 100 点に近いスコアをつけた学生で構成されているので，さぞかしいい雰囲気の中で講義ができるだろうと期待したが，思いどおりにはいかないものである．

　その最大の理由は，学生たちが講義の内容に関心があって，このクラスを第 1 志望としたとは限らないからである．なるべく楽に単位をとりたいと思うのは，昔もいまも変わらない学生気質である．そのうえ，近ごろはサークル・ネットワークを通じて，"楽勝" 情報が行き渡っているから，100 : 0 : 0 という配点が，第 1 志望の講義内容に強い関心をもっていることの証拠にはならないのである．

　このあたりが，「数理決定法」や「OR」の弱点であることは，かねがね指摘されているところである．しかし，それでも K 教授がこれにこだわるのは，クラス編成法に熱い声援を送ってくれる学生が多勢いるからである．中には，このモデルを H 大経済学部に在学する兄への自慢の種に使ってくれる学生もいると知ったからには，決して手抜きはできないと一層張り切ってしまうのである．

　そこでまず，大人数教室を運営する際の問題点を説明しよう．この科目の単位を落とした学生は，他の科目の単位も落とす傾向があるので，翌年再びこの科目を申告する可能性が高い．再履修者が多いと翌年のクラス編成が難しくなるので，クラス編成を担当する K 教授としては，なるべく多くの学生に単位を

出したいと考えるわけである．

　この点から見ると，試験だけで単位を認定する方式は，かなりのリスクが伴う．実際 14 回の講義のあとで試験を行うと，やさしい問題を出したつもりでも，60 点の合格点を超える学生は 5 割程度になってしまう．そこで，永年の経験から編み出した公式を使って，得点を加工することになる．こんなことを 2 回経験した結果，3 年目からは試験をやめてレポート提出に切り替えることにした．

　しかしこの方法には以下のような欠陥がある．
   a. レポートとアナウンスした途端に出席者が激減する．
   b. ほとんどそっくりなレポートが (束になって) 提出される．この場合，誰が原著者かを特定するのは難しいので，他人のレポートをコピーした学生にも単位を出さざるを得なくなる．
   c. 400 字で 10 枚程度のレポートは，250 人だと 2500 枚になる．これだけの文章をきちんと読むには，丸々 1 週間かかる．そっくりコピーではないまでも，ほとんど同じ内容のレポートを何回も読むのは空しいものである．

　かくしてこの授業は，楽して単位をせしめようとする学生と K 教授の知恵比べの場となったのである．以下では「OR 教室の決斗」と題して，汗と涙のドラマを紹介しよう．

6.2　出席のとり方

　試験もレポートも，それぞれ単独では機能しないことがわかったので，出席点を加味する方式を採用した．しかし 200 人以上のクラスで出席をとるのは容易でない．名前を呼び上げていたら，10 分以上かかってしまう．しかも代返されてもチェックしようがない．

　これを解決する一つの方法は，出欠カードを配ることである．ところが，日付を打ったカードを 1 人 1 枚ずつ確実に配布するには，かなりの手間がかかる (2 枚取って代筆する学生が出るのを防がなくてはならない)．また回収したカードを学期末に集計する際にも，かなりの時間がかかる．

6. 大人数クラスの運営法——ゲーム理論

学籍番号	名前	(1) 月 日	(2) 月 日	〜	(13) 月 日

図 **6.1** 出席表

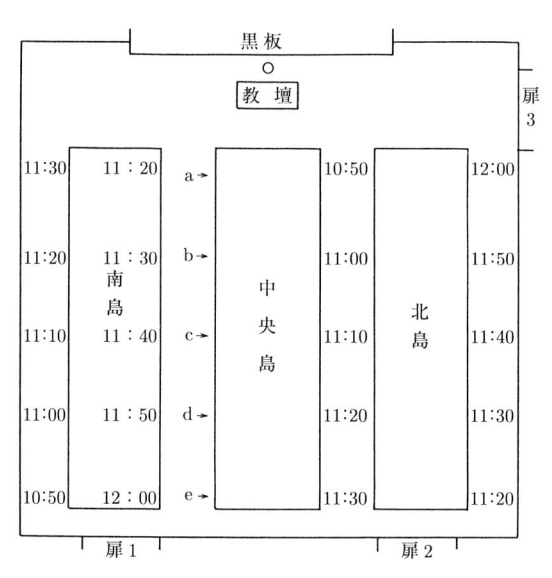

図 **6.2** OR 教室の構造

そこで考えたのは，次のような方法である．まず図6.1にあるような出席表をつくり，第1回目の授業のときに，学生に学籍番号と名前をサインさせる．そして第2回目以降は，学生に第1回目と同じシマ (図6.2参照) に着席すること，そして原則として第1回目と同じ筆記具を用いてサインするよう指示するのである．

代返と違って，サイン代行はそれほど簡単ではない．特に「出席表を学期末に筆跡鑑定に回す」といっておけば，友人にサインを依頼しにくいはずである．かくして作戦成功確実だと思われたのだが，数回目にしてこのシステムの盲点が露見する結果となった．

その第一は，教室の最前列に席をとり，出席表が回ってきたらサインして，すぐに席を立つ学生がいることである．黒板に字を書いている隙に，扉3 (図6.2参照) から逃げ出すので，しばらくは気がつかなかったが，10人近くの学生がこの手を使っていた模様である．

最前列の学生が逃げ出すと，他の学生の士気に及ぼす影響が大きい．これと同程度 (以上) に悪質なのは，授業開始後小1時間してから現れ，出席表の現在位置を確かめてその列に割り込み，サインしたらただちに退出する数人の学生である．出席表が端から端まで移動するのに40分近くかかるのを利用した，憎い犯行である．

第二は，鉛筆を用いた組織的サイン代行である．毎回サインの真贋をチェックするのは大変なので，講義の直後に空欄 (欠席者) に斜線を施して，欠席の確認を行っていたのだが，とりあえず鉛筆によるサイン代行を依頼しておいて，翌週消しゴムでこれをきれいに消したあとに，本人が自筆でサインするという手口があったのだ．2年目に学生のレポートでこの事実を知らされたとき，K教授は「屈辱感でのたうちまわる」ことになったのである．

早速翌年からは，ボールペンによるサインを指示したので，この問題は解消された．しかし，技術革新によって何でも消せる消しゴムが出現したので，油断はできない．

学生の逃亡を防ぐために考えたのは，出席表を2部作り，授業の前半と後半に2回出席をとるという方法である．こうすれば，最前列に座ってすぐ退出しようと考える学生はあてが外れる．2回の出席表の回し方は，コインを振って決めるようにすればさらに効果が上がる．

こうして，この方法を採用してから，出欠に関する技術的な問題は一応解決したのであるが，これにも弊害がないわけではない．なぜなら，出席率が上がると教室が騒がしくなるのである．講義そっちのけで，私語を交わす学生がたくさん出席するのは困ったことであるが，授業に出てきてくれさえすればしめ

たものである．あとは講義の中身で勝負すればいいのだから．

　次にこの出席データの使い方について述べよう．一学期間に N 回講義を行ったとして，$N-1$ 回以上出席した学生には，出席点だけで合格点 60 点を与えるという方法である．たとえば $N=15$ とすると，1 回あたりの出席点は 60 を 14 で割った 4.3 点となる．そして二つの出席表の一方にしかサインしなかったものは，大幅遅刻もしくは早退したものとして，2 点ないし 1 点しか与えないことにする．第 1 回目の講義でこれを公表しておけば，出席率は自ずから上昇する．

　出席点だけでは合格点に達しない学生，もしくは 60 点台の得点では不満な学生には，4,000 字程度のレポートを提出させて，40 点満点でそのレポートを採点する．レポート課題は，

> 身のまわりで起こったややこしい意思決定問題を例にとり，その問題に数理決定法を利用した場合と，そうでない場合を比較検討せよ

とか，

> 講義で説明した問題解決法のうちの一つを取り上げ，その方法の問題点を考察せよ

といった類のものである．ここで他人のレポートのコピーを防止するために，

> S.S.O. が同一のレポートが 2 部以上発見されたときには，それらすべてを 0 点とする

というただし書きをつけることにしている．ここで S.S.O. というのは Structure-Sequence-Organization の頭文字を連ねたもので，ひところソフトウェア著作権の保護にあたって用いられていた，「使用言語や細部の文章が違っていても，全体の構成や配列法が同じものは同一ものと見なす」という基準を借用した．

　こうしておくと，提出レポートが 100 編を超えることはめったにない．しかもその 60％以上が中身の濃いもので占められる．これらは，ほとんどすべての講義に出席して合格点を確保した上で，100 点をとるために出されたもの，もしくは実際に自分で主張したいことがあって書かれたものなので，読んでいて面白いものが多い．

　一方，出席点が 50 点台で，10 点くらいは稼げると思って提出されたものは，

大体において質が悪いが，20〜30 点台の学生は，残りの 40 点をめざして質の高いレポートを書いてくる．また 20 点未満 (出席 4 回以下) の怠け者は，レポートを提出しても単位がもらえない．この方法を用いることによって，毎年 250 人中 200 人を超える学生が，単位にありつくことになった．

6.3 着 席 戦 略

サークルの先輩から，鉛筆によるサイン代行の秘策を伝授された J 君は，労せずして単位がとれるはずの「数理決定法」クラスを 100：0：0 で第一志望し，見事目的を達成した．しかし，残念なことにサイン代行という手が使えなくなってしまった．

そこで J 君は，教室での滞在時間がなるべく少なくなるような座席の選び方を考えてみた．自分が所属するシマを 5 つの部分に分けて，図 6.2 に示した a から e までのどこに座れば，教室での滞在時間が最も少なくなるかを調べようというのである．

K 教授はランダムに 2 回出席表を回してくるのであるが，回し方は次の 4 通り

$$T_1(前，前)，T_2(前，後)，T_3(後，前)，T_4(後，後)$$

である．第 1 回目は 10 時 50 分，第 2 回目は 11 時 20 分に配布が始まり，全員が記入を終えるまで 40 分かかる (図 6.2 参照)．J 君の大前提は，「$N-1$ 回の講義に出席して確実に単位を確保する」ことである．そこで「出席表に 2 回サインしたあと，直ちに席を立つ」というルールを採用するものとして，a〜e のおのおのの位置で，何分間教室に滞在しなくてはならないかを計算してみた．前からくるか後ろからくるかわからないので，確実にサインするためには，最悪のケースを想定しなくてはならない．

(イ) (a) の位置に座る場合

この場合は，第 1 回目が前からくることを想定して，10 時 45 分までに着席する必要がある．席を立てるのは，2 回目のサインが終わった直後なので，2 回目の出席表がどちらからくるかで滞在時間に違いが出る．

	滞在時間
T_1	$10:45 \to 11:20$	35 分
T_2	$10:45 \to 12:00$	75 分
T_3	$10:45 \to 11:30$	45 分
T_4	$10:45 \to 12:00$	75 分

(ロ) (b) の位置に座る場合

出席表が前から回ってくる場合を想定して，10 時 55 分までに着席する．

	滞在時間
T_1	$10:55 \to 11:30$	35 分
T_2	$10:55 \to 11:50$	55 分
T_3	$10:55 \to 11:30$	35 分
T_4	$10:55 \to 11:50$	55 分

(ハ) (c) の位置に座る場合

第 1 回目の出席表は，どちらから配られても 11 時 10 分ごろ回ってくるので，11 時 5 分までに着席すればよいはずであるが，このあたりは少し遅くなるとびっしり席が埋まっていることがあるので，10 時 50 分までにいかないと安心できない．11 時 40 分には退席できるので，滞在時間は 50 分である．

(ニ) (d) の位置 (e) の位置に座る場合

(d) と (e) はそれぞれ (b) と (a) と対称な位置にあるので，表 6.1 が得られる．

この表を見て明らかなのは，(a) の位置に座るより (b) に座ったほうが，どんな場合でも滞在時間が短いということである．同様に，(e) より (d) がよいことも一目瞭然である．そこで (a) と (e) を削除した表が表 6.2 である．

いま仮に，K 教授がコインを振って出席表の配り方を決めるとすれば，それ

表 **6.1**

	T_1	T_2	T_3	T_4
a	35	75	45	75
b	35	55	35	55
c	50	50	50	50
d	55	35	55	35
e	75	45	75	35

表 6.2

	T_1	T_2	T_3	T_4	平均	分散
b	35	55	35	55	45	100
c	50	50	50	50	50	0
d	55	35	55	35	45	100

ぞれ 1/4 の確率でこれらが実現すると考えられる．したがって平均滞在時間は b が 45 分，c が 50 分，d が 45 分となる．また滞在時間の分散は，それぞれ 100，0，100 である．ここで第 4 章の平均・分散モデルを当てはめると，(b) と (d) は等価である．一方 (b) と (c) は優劣がつかない．スリルを好む人は (b) を，安定性を好む人は (c) を選ぶであろう．

ところで，K 教授は本当にコインを振るのであろうか．もしかしたら，もっと悪賢く「ゲーム理論」とやらを使って戦略を立ててくるかもしれない，と J 君は不安を募らせるのであった．

6.4　ゼロ和 2 人ゲーム

ゲーム理論というのは，効用理論 (第 2 章参照) を生み出したフォン・ノイマンが，人々の経済活動を分析するために編み出した大理論である．自分の効用の最大化をめざす個人の間に成り立つ均衡関係を分析する道具として，現在もさまざまな研究が行われているが，その最も単純なケースが「ゼロ和 2 人ゲーム」である．

ここに登場するのは，2 人の "合理的" な意思決定主体 J と K である．この 2 人は，"ゲーム" に参加して自分の "利益" の最大化 (もしくは損失の最小化) を図りたいと考えている．J は m 通りの「手」$S_1, \cdots, S_m$ から，また K は n 通りの「手」$T_1, \cdots, T_n$ の中から一つを選び，その結果に基づき一方から他方に一定の支払いが行われる．いま J が S_j を選び K が T_k を選んだとき，K から J への a_{jk} の支払いが行われるものとしよう．

J と K はすべての (j, k) 対について，支払い額 a_{jk} のデータを知っているが，ゲームに先立って，相手がどの「手」を選んでくるかはわからないものとする．a_{jk} をたて横に並べた行列

$$A = \begin{pmatrix} a_{11} & a_{12} & \cdots & a_{1n} \\ a_{21} & a_{22} & \cdots & a_{2n} \\ \vdots & \vdots & & \vdots \\ a_{m1} & a_{m2} & \cdots & a_{mn} \end{pmatrix} \begin{matrix} T_1 & T_2 & \cdots & T_n \\ S_1 \\ S_2 \\ \vdots \\ S_m \end{matrix}$$

をゲーム理論では，「支払い行列」という．

J と K はいずれも合理的意思決定者であり，

　　　J は最悪の場合の自分の利得の最大化を図る

　　　K は最悪の場合の自分の損失の最小化を図る

ものと仮定する．ここで次の支払い行列を考えてみよう．

$$A = \begin{pmatrix} 7 & 3 & -3 & 1 \\ 5 & 4 & 5 & 8 \\ -3 & 3 & 6 & -2 \end{pmatrix}$$

この行列の〇印をつけた成分は，J がそれぞれ S_1, S_2, S_3 を選んだ際の最悪の利得を表している (利得がマイナスになっているところは，J から K に対して支払いが行われることを表す).

$$\begin{pmatrix} 7 & 3 & \ominus3 & 1 \\ 5 & ④ & 5 & 8 \\ \ominus3 & 3 & 6 & -2 \end{pmatrix} \begin{pmatrix} \triangle7 & 3 & -3 & 1 \\ 5 & \triangle4 & 5 & \triangle8 \\ -3 & 3 & \triangle6 & -2 \end{pmatrix}$$

この結果，最悪の場合の利得を最大化したいと考える J にとっては，S_2 を選ぶのがベストだということになる．

一方，同じ問題を K の側から見てみよう．K は最悪の場合の損失を最小化したいと考えているので，T_2 を選ぶのがベストである (T_1, T_2, T_3, T_4 に対する最大損失は，それぞれ△印をつけた 7，4，6，8 である).

かくして J は S_2 を，K は T_2 を選ぶのが，フォン・ノイマンの意味でベストであり，J は K から 4 単位の支払いを受けてゲームが終了する．

このゲームは，J と K が選ぶ「手」が事前にはわからないという条件で行わ

6.4 ゼロ和2人ゲーム

れたが，J が S_2 を，K は T_2 を選ぶことがわかったとしたとき，両者の選ぶ手はどうなるだろうか．実はこのときも，2 人は相変わらず (S_2, T_2) を選び続けるのである．

なぜなら，K が T_2 を選ぶことがわかっていても，J が "手" を S_1, S_3 に変えると利得が減ってしまう．また J が S_2 を選ぶことがわかっていても，K が自分の手を T_1, T_3, T_4 のいずれかに変更すると，かえって損失が増える結果になるのである．

この意味で (S_2, T_2) はこのゲームの「均衡点」と呼ばれている．また，$a_{22} = 4$ を「ゲームの値」という．

そこで次にこの考え方を，J 君と K 教授の決斗に応用してみよう．前節の「OR 教室の決斗」を上の枠組みで表現すると，とりうる手の集合は，

$$
\begin{aligned}
S_1 &= b \text{に座る} & T_1 &= (\text{前}, \text{前}) \\
S_2 &= c \text{に座る} & T_2 &= (\text{前}, \text{後}) \\
S_3 &= d \text{に座る} & T_3 &= (\text{後}, \text{前}) \\
& & T_4 &= (\text{後}, \text{後})
\end{aligned}
$$

となる．さて J 君が S_j を選び K 教授が T_k を選んだとき，J 君の利得 (イコール K 教授の損失) a_{jk} を

$$J \text{君が教室に滞在せずに済む時間 (分)}$$

と定義しよう．すると K から J への支払い行列は

$$A = \begin{pmatrix} 55 & 35 & 55 & 35 \\ 40 & 40 & 40 & 40 \\ 35 & 55 & 35 & 55 \end{pmatrix}$$

となる (講義時間は全体で 90 分である)．

最悪の場合の利得を最大化しようという立場に立つ J 君が選ぶべき手は，もちろん S_2 である．なぜなら，このとき最悪でも 40 の利得があるのに対して，S_1 と S_3 の場合は運が悪いと 35 の利得しか得られないからである．

一方，K 教授はこの表を見て，それぞれ T_1 列と T_3 列，T_2 列と T_4 列の内容がまったく同一であることに気がついた．つまり J 君との対決において，

2回目の出席表を前から回すか後ろから回すか

だけが本質的なのである．こうなると，表から T_3 列と T_4 列を削除して得られる支払い行列

$$A' = \begin{pmatrix} T_1 & T_2 \\ 55 & 35 \\ 40 & 40 \\ 35 & 55 \end{pmatrix} \begin{matrix} S_1 \\ S_2 \\ S_3 \end{matrix}$$

を考えればよいことがわかる．K 教授から見ると，T_1, T_2 のいずれを選んでも最悪の損失は 55 だから，どちらも差がないことになる．そこで仮に T_1 を選ぶものとしよう．

これによって J 君の利得 40 が確定したかに見えるが，事情はそれほど簡単ではない．なぜなら，K 教授が T_1 を選ぶことを J 君が知ってしまうと，J 君はより大きな利得を手に入れるべく，S_2 から S_1 に作戦を変更するであろう．ところがこうなると，K 教授も損失を減らすため，T_1 から T_2 へ変更する．かくして

$$(S_2, T_1) \to (S_1, T_1) \to (S_1, T_2)$$
$$\uparrow \qquad\qquad \downarrow$$
$$(S_3, T_1) \leftarrow (S_3, T_2)$$

という堂々巡りが発生してしまう．つまりこのゲームには，均衡点が存在しないのである．

ところがフォン・ノイマンは，「手」を確率的に選択するという「混合戦略」の考え方を導入することによって，このような場合でも均衡解が存在することを証明した．

6.5　混合戦略と均衡解

6.5.1　J 君のマクシミン戦略

J 君が S_1, S_2, S_3 を選ぶ確率を，それぞれ x_1, x_2, x_3 としよう．
x_1, x_2, x_3 は

6.5 混合戦略と均衡解

$$x_1 + x_2 + x_3 = 1 \tag{6.1}$$
$$x_1 \geqq 0, \quad x_2 \geqq 0, \quad x_3 \geqq 0$$

を満たす変数である．

K 教授が T_1 を選んだ場合の J 君の平均的利得は

$$z_1 = 55x_1 + 40x_2 + 35x_3 \tag{6.2}$$

で与えられる．一方，T_2 を選んだ場合は

$$z_2 = 35x_1 + 40x_2 + 55x_3 \tag{6.3}$$

となる．ここで J 君は，最悪のケースを想定して

$$z_1 \text{と} z_2 \text{の小さい方が最大になる} x_1, x_2, x_3 \text{を選ぶ}$$

ことを考えるものとしよう．このような作戦は，「マクシミン戦略」と呼ばれている．

この問題を解くために，まず条件式 (6.1) より

$$x_3 = 1 - x_1 - x_2$$

とおいて z_1, z_2 の式から x_3 を消去する．すると

$$z_1 = 35 + 20x_1 + 5x_2$$
$$z_2 = 55 - 20x_1 - 15x_2$$

が得られる．これより問題は

$$z = \min\{z_1, z_2\} \tag{6.4}$$

を条件

$$x_1 + x_2 \leqq 1, \quad x_1 \geqq 0, \quad x_2 \geqq 0$$

の下で最大化することに帰着される．そこで暫定的に $z_1 = z_2$ という条件を追

加した上で，この式を最大化する問題：

$$
\begin{aligned}
&\text{最大化} \quad z_1 \\
&\text{条　件} \quad z_1 = z_2 \\
&\qquad\qquad x_1 + x_2 \leqq 1, \quad x_1 \geqq 0, \quad x_2 \geqq 0
\end{aligned}
\tag{6.5}
$$

を考えてみよう．この問題を書き直すと

$$
\begin{aligned}
&\text{最大化} \quad 35 + 20x_1 + 5x_2 \\
&\text{条　件} \quad 2x_1 + x_2 = 1 \\
&\qquad\qquad x_1 + x_2 \leqq 1, \quad x_1 \geqq 0, \quad x_2 \geqq 0
\end{aligned}
\tag{6.6}
$$

が得られる．

問題 (6.6) の条件式が定める領域は，図 6.3 で示した線分 PQ となる．この線分上で目的関数 $35 + 20x_1 + 5x_2$ を最大化する点は P，すなわち

$$x_1^* = 1/2, \quad x_2^* = 0$$

である．このとき

$$z_1 = 35 + 20x_1^* + 5x_2^* = 45$$
$$z_2 = 55 - 20x_1^* - 15x_2^* = 45$$

となる．実はこの x_1^*, x_2^* が J 君の問題の解になることは，次のようにしてわかる．z の定義 (6.4) より

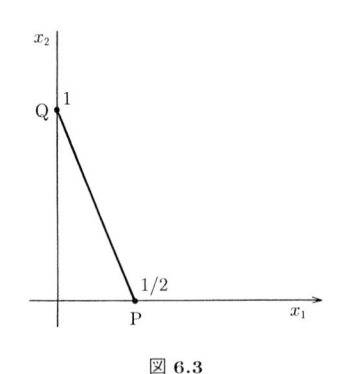

図 **6.3**

$$z \leqq z_1, \quad z \leqq z_2$$

である．したがって

$$\begin{aligned} z &\leqq (z_1 + z_2)/2 \\ &= (35 + 20x_1 + 5x_2 + 55 - 20x_1 - 15x_2)/2 \\ &= 45 - 5x_2 \end{aligned}$$

ところが，$x_2 \geqq 0$ より，$z \leqq 45$ であることが結論される．一方，$x_1 = 1/2$，$x_2 = 0$ のとき $z = 45$ となるので，x_1^*, x_2^* が z の最大値を与えるという次第である．x_1^*, x_2^* に対応する x_3^* は 1/2 である．

以上をまとめると，J 君のマキシミン戦略は

10 円玉を投げて表が出れば b に，裏が出れば d に座る

となる．

6.5.2 K 教授のミニマクス戦略

K 教授もまた，二つの手 T_1, T_2 を，それぞれ確率 y_1, y_2 で選ぶものとしよう．定義より

$$y_1 + y_2 = 1 \tag{6.7}$$
$$y_1 \geqq 0, \quad y_2 \geqq 0$$

である．J 君が S_1, S_2, S_3 を選択した場合の K 教授の平均損失は，それぞれ

$$\begin{aligned} w_1 &= 55y_1 + 35y_2 \\ w_2 &= 40y_1 + 40y_2 \\ w_3 &= 35y_1 + 55y_2 \end{aligned} \tag{6.8}$$

となる．J 君と同程度に用心深く抜け目ない K 教授は，最悪のケースを想定して

w_1, w_2, w_3 の中での最大のものを最小とする y_1, y_2 を選ぶ

図 6.4

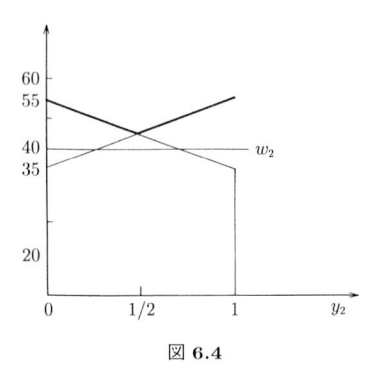

ものとしよう．このような作戦は「ミニマクス戦略」と呼ばれている．

条件 (6.7) より y_2 を消去すると，問題は

$$w_1 = 20y_1 + 35$$
$$w_2 = 40 \qquad (6.9)$$
$$w_3 = -20y_1 + 55$$

の最大値を，$0 \leqq y_1 \leqq 1$ の下で最小化することに帰着される．図 6.4 より，この問題の解は $y_1 = 1/2$ となる．この結果 K 教授のミニマクス戦略は

　　500 円玉を投げて，表が出れば 2 回目の出席表を前方から配り，
　　裏が出れば後方から配る

となる (第 1 回目の出席表の配り方は，100 円玉を振って決めればよい)．

6.5.3 均衡点

ここで J 君が，K 教授の戦略 $y_1^* = 1/2, y_2^* = 1/2$ を知ったものとしよう．このとき J 君は，作戦を変更することによって平均利得を増やすことができるだろうか．答は否である．なぜなら，$y_1 = 1/2, y_2 = 1/2$ のとき，J 君の得る平均利益は

$$\frac{1}{2}(55x_1 + 40x_2 + 35x_3) + \frac{1}{2}(35x_1 + 40x_2 + 55x_3)$$
$$= \frac{1}{2}(90x_1 + 80x_2 + 90x_3)$$

であるが, x_1, x_2, x_3 をどのように選んでも, この値は 45 以上にはできない. したがって, $x_1^* = 1/2, x_2^* = 0, x_3^* = 1/2$ から別の値に変更しても, 利得増加に結びつかないのである.

同様に K 教授が J 君の戦略 $x_1^* = 1/2, x_2^* = 0, x_3^* = 1/2$ を知ったとしても, 平均損失を減少させることはできない (読者はこの点を確かめてほしい).

かくして次の結論が導かれた.

J 君のマクシミン戦略 (x_1^*, x_2^*, x_3^*) と K 教授のミニマクス戦略 (y_1^*, y_2^*) は, 出席ゲームの「均衡解」となる.

この結論は, J 君にとって好都合なものであった. 10 時 40 分から開始される講義に 10 時 45 分までに出席し, 教室に入るときに 10 円玉を振って表が出れば b に, 裏が出れば d に座ればよいからである. これによって, 平均的に 45 分儲かるのであれば悪くない.

一方の K 教授は, J 君の講義時間 90 分の半分も取り逃がすと思うと, 決闘に負けたような気分になる. しかし, 講義を半分も聞かせることができたと思えば, まずまずだという気もする. K 教授は J 君の平均利益を 15 分にまで減らす (つまり 75 分以上滞在させる) ための秘策を開発済みであるが, たかだか 4～5 名しかいないであろう J 君のために, 現在のシンプルな方法を変更する必要があるかどうか, 大いに思い悩むのである.

6.6 ミニマクス定理

前節で述べたことを, ここで一般化して述べておこう. 二人のプレーヤー J と K は, それぞれ m 通りの手 $S_1, \cdots, S_m$ と n 通りの手 $T_1, \cdots, T_n$ をもつものとし, (S_j, T_k) のペアが選ばれたとき, K から J へ a_{jk} の支払いが行われるものとする.

6.6.1 プレーヤー J のマクシミン戦略

プレーヤー J は

$$z_1 = a_{11}x_1 + \cdots + a_{m1}x_m$$
$$\vdots \quad \vdots \quad \vdots \quad (6.10)$$
$$z_n = a_{1n}x_1 + \cdots + a_{mn}x_m$$

としたとき

$$z = \min\{z_1, \cdots, z_n\} \quad (6.11)$$

を最大化するよう，確率ベクトル $(x_1, \cdots, x_m)$ を選択する．

このとき J の問題は，線形計画問題

$$\left|\begin{array}{ll}
\text{最大化} & z \\
\text{条 件} & z \leqq a_{11}x_1 + \cdots + a_{m1}x_m \\
& \vdots \quad \vdots \quad \vdots \\
& z \leqq a_{1n}x_1 + \cdots + a_{mn}x_m \\
& x_1 + \cdots + x_m = 1 \\
& x_1 \geqq 0, \cdots, x_m \geqq 0
\end{array}\right. \quad (6.12)$$

として定式化される．なぜなら，z の最大値 z^*，それに対応する $x_1, \cdots, x_m$ の値を $x_1^*, \cdots, x_m^*$ とすると

$$z^* = \min\{a_{11}x_1^* + \cdots + a_{m1}x_m^*, \cdots$$
$$a_{1n}x_1^* + \cdots + a_{mn}x_m^*\}$$

となるからである．問題 (6.12) は，1 次等式・不等式条件のもとで 1 次式を最大化する線形計画問題なので，単体法を使って解くことができる．

6.6.2　プレーヤー K のミニマクス戦略

プレーヤー K は

$$w_1 = a_{11}y_1 + \cdots + a_{1n}y_n$$
$$\vdots \quad \vdots \quad \vdots \quad (6.13)$$
$$w_m = a_{m1}y_1 + \cdots + a_{mn}y_n$$

としたとき
$$w = \max\{w_1, \cdots, w_m\} \tag{6.14}$$
を最小化するよう，確率ベクトル $(y_1, \cdots, y_n)$ を選択する．

このとき，プレーヤー K の問題は

$$
\left|
\begin{array}{ll}
\text{最小化} & w \\
\text{条　件} & w \geqq a_{11}y_1 + \cdots + a_{1n}y_n \\
& \quad\vdots \quad\quad \vdots \quad\quad\quad \vdots \\
& w \geqq a_{m1}y_1 + \cdots + a_{mn}y_n \\
& y_1 + \cdots + y_n = 1 \\
& y_1 \geqq 0, \cdots, y_n \geqq 0
\end{array}
\right. \tag{6.15}
$$

として定式化される．

定理 6.1　問題 (6.12) と (6.15) の最適解をそれぞれ $(x_1^*, \cdots, x_m^*, z^*)$, $(y_1^*, \cdots, y_n^*, w^*)$ とすると，$z^* = w^*$ が成立し，$(x_1^*, \cdots, x_m^*)$, $(y_1^*, \cdots, y_n^*)$ がそれぞれプレーヤー J と K の均衡解となる．　　□

この定理は，フォン・ノイマンによって証明されたものであるが，p.151 に示した「双対定理」を使えば簡単に示すことができる．

以上のマクシミン戦略，ミニマクス戦略の定式化では，混合戦略を用いるのは自分だけで，相手は用いないかのように記述していた．しかし，定理 6.1 で得られる $(x_1^*, \cdots, x_m^*), (y_1^*, \cdots, y_n^*)$ は，それぞれの導出において相手が混合戦略を用いると仮定しても均衡解となる．

以下では，2 人のプレーヤー J と K が選択する確率ベクトルの集合を

$$X = \left\{(x_1, \cdots, x_m) \,\middle|\, \sum_{j=1}^{m} x_j = 1, \quad x_j \geqq 0, \quad j = 1, \cdots, m \right\} \tag{6.16}$$

$$Y = \left\{(y_1, \cdots, y_n) \,\middle|\, \sum_{k=1}^{n} y_k = 1, \quad y_k \geqq 0, \quad k = 1, \cdots, n \right\} \tag{6.17}$$

と書こう．プレーヤー J が $\boldsymbol{x} \in X$ を選択し，プレーヤー K が $\boldsymbol{y} \in Y$ を選択し

たとき，プレーヤー J が手にする平均的利得 (プレーヤー K の平均的損失) は

$$\sum_{j=1}^{m}\sum_{k=1}^{n}a_{jk}x_jy_k \tag{6.18}$$

で与えられる．ここで以下の関係 (成り立つことを確認せよ)：

$$z^* = \min\left\{\sum_{j=1}^{m}a_{j1}x_j^*, \cdots, \sum_{j=1}^{m}a_{jn}x_j^*\right\} = \min_{\boldsymbol{y}\in Y}\sum_{k=1}^{n}\left(\sum_{j=1}^{m}a_{jk}x_j^*\right)y_k,$$

$$w^* = \max\left\{\sum_{k=1}^{n}a_{1k}y_k^*, \cdots, \sum_{k=1}^{n}a_{mk}y_k^*\right\} = \max_{\boldsymbol{x}\in X}\sum_{j=1}^{m}\left(\sum_{k=1}^{n}a_{jk}y_k^*\right)x_j$$

が成り立つことに注意すると，次の定理が得られる．

定理 6.2 (ミニマクス定理) 任意の支払い行列 $A = (a_{jk}) \in R^{m\times n}$ に対して，$\boldsymbol{x}^* \in X$，$\boldsymbol{y}^* \in Y$ が存在して

$$\max_{\boldsymbol{x}\in X}\sum_{j=1}^{m}\sum_{k=1}^{n}a_{jk}x_jy_k^* = \sum_{j=1}^{m}\sum_{k=1}^{n}a_{jk}x_j^*y_k^* \tag{6.19}$$

$$\min_{\boldsymbol{y}\in Y}\sum_{j=1}^{m}\sum_{k=1}^{n}a_{jk}x_j^*y_k = \sum_{j=1}^{m}\sum_{k=1}^{n}a_{jk}x_j^*y_k^* \tag{6.20}$$

が成立する． □

式 (6.19) は，プレーヤー K が $\boldsymbol{y}^* \in Y$ を選択したとき，プレーヤー J の平均利得は $\boldsymbol{x}^* \in X$ のときに最大になること，また式 (6.20) は，プレーヤー J が $\boldsymbol{x}^* \in X$ を選択したとき，プレーヤー K の平均損失は $\boldsymbol{y}^* \in Y$ のときに最小になることを示している．

6.7　非ゼロ和 2 人ゲームとナッシュ均衡解

これまでは，2 人のプレーヤー J，K に対して，"J の利益イコール K の損失" であるという前提で議論を進めてきたが，一般にはこの前提が成立するとは限らない．そこで以下では，J が戦略 j を選択し K が戦略 k を選択したとき，J と K の利得がそれぞれ a_{jk}，b_{jk} であるものとしよう．ここで

$$a_{jk} + b_{jk} = 0, \quad \forall j,k \tag{6.21}$$

が成立するケースが，ゼロ和2人ゲームである．

ナッシュ (J.Nash) は (6.21) が成立しない「非ゼロ和2人ゲーム」に対して，

$$\max_{\boldsymbol{x} \in X} \sum_{j=1}^{m} \sum_{k=1}^{n} a_{jk} x_j y_k^* = \sum_{j=1}^{m} \sum_{k=1}^{n} a_{jk} x_j^* y_k^*$$

$$\max_{\boldsymbol{y} \in Y} \sum_{j=1}^{m} \sum_{k=1}^{n} b_{jk} x_j^* y_k = \sum_{j=1}^{m} \sum_{k=1}^{n} b_{jk} x_j^* y_k^*$$

を満たす $\boldsymbol{x}^* \in X$, $\boldsymbol{y}^* \in Y$ を「ナッシュ均衡解」と定義し，任意の行列 $A = (a_{jk}) \in R^{m \times n}$, $B = (b_{jk}) \in R^{m \times n}$ に対して，ナッシュ均衡解が存在することを示した．

非ゼロ和2人ゲームは，社会におけるさまざまな対立現象を分析する有力な手段であるが，均衡解が一意的に定まらないという難点がある．

たとえば，2人組のギャングJとKが銀行強盗のかどで逮捕され，独房に監禁されているものとする．JとKが選ぶことのできる戦略は自白と否認の二つで，それぞれの利得行列A，Bは以下で与えられる．

Jの利得行列 A

J \ K	自白	否認
自白	−6	−3
否認	−10	0

Kの利得行列 B

J \ K	自白	否認
自白	−6	−10
否認	−3	0

つまりJとKがともに自白すれば，それぞれ6年の懲役，2人とも否認すれば無罪放免となる．一方，Jが自白しKが否認すると，"司法取引"でJが懲役3年，Kが懲役9年．Jが否認しKが自白すると，Jが懲役9年，Kが懲役3年となるのである．

2人にとってベストな選択は，もちろん(否認, 否認)である．しかし，JとKがともに最悪のケースの損失を最小化しようとすると，(自白, 自白)が選ばれることになってしまう (読者はどちらもナッシュ均衡解であることを確認していただきたい)．

ゲーム理論は，厄介な社会現象を分析する上で有力な道具になっている．

7 クラス編成法の決め方
——投票の理論

7.1 はじめに

　この本もそろそろ終りに近づいてきたが，この章で再び登場するのが，最初に戻ってクラス編成問題である．

　4月に開始される「数理決定法」の講義は，第6章までの内容のほかに，線形計画問題の解法やソフトウェア特許問題，そしてこの章のテーマである投票理論などをカバーする盛りだくさんなものであるが，例年学期末に提出される100編余のレポートの過半数が，クラス編成問題をテーマに取り上げている．抽象的な線形代数に比べて，同じ"線形"でも，線形計画法の具体的なところが，1年生諸君の心を捉えたためだろう．

　レポートの中身は，概してわれわれの工夫に対して好意的であるが，一層の改良のための提案が盛られたレポートに出会うと，嬉しさのあまり眼鏡が曇ることもしばしばである．しかし，中にはいろいろな学生がいるもので，「無駄な努力は即刻中止せよ．大半の学生は楽勝情報だけで志望先を決めているので，キートン法にすら値しない．彼らに天誅を加えるため，まったくランダムなクラス分けを提案する」といった過激なレポートも少数ながら混ざっている．

　第6章の「OR教室の決斗」で，J君と痛み分けに終わったK教授は，400字詰原稿用紙1枚分のこのレポートに何点をつけるべきか大いに迷うところであるが，秘書をつとめるミセスKは，「みんな第1志望で入ったのにあんまりだワ」と大憤慨の末，このレポートを読んで，内容には賛成しつつも点数は40点満点のところ5点と診断して下さった．

　また第5章の「大学の効率性評価」をまとめてくれたG准教授は，クラス編

成のクオリティとデータ・インプットの手間を考えれば，天下り法 60：40：0 (表 1.3 参照) が工学的な意味でベストだと見抜いているようである．実は，K 教授自身もこの方法には捨てがたい魅力を感じていたし，新たに登場した「究極のクラス編成法」についての学生の反応も気になるところである．

しかし，前期の講義はすでに終わり，後期の授業は W 教授に引き継がれている．そこで，W 教授が海外出張で休講となるはずの 1 コマ分の時間を拝借して，学生の投票によって次年度のクラス編成法を決めてもらおうと考えた．

とはいっても，すでに前期の単位は出してしまったことだし，出席しても W 教授から出席点をもらえるわけでもないので，何人の学生が集まってくれるだろうと心配していたところ，嬉しいことに 50 人ものマニア君達が馳せ参じてくれたのである．50 人といえば 210 人の学生の約 1/4 だから，かなりの数である．

いわゆる世論調査や視聴率調査が，1% 未満のサンプリングをもとに行われることを考えると，これがどれほど大きな数字かおわかりいただけるだろう．しかも，これら 50 人は 210 人中のよりぬきの学生であり，結果的にボルダ (後出) が想定した，"賢者達の投票" が行われることになったのである．

7.2 単純多数決原理と固定数投票方式

投票方法としては，古くからいろいろなものが採用されてきたが，その基本となるのが以下に述べる「単純多数決原理」である．

投票は m 人の候補 $A_1, \cdots, A_m$ と n 人の投票者によって行われるものとし，A_i と A_j を比較して，A_i に対する支持者数が A_j に対する支持者数を上まわるとき，

$$A_i \succ A_j$$

と書くことにしよう．支持者が同数の場合は話が複雑になるので，以下では簡単のために n は奇数で棄権はないものとする．するとすべての (i, j) に対して

$$A_i \succ A_j \quad \text{または} \quad A_j \succ A_i$$

のいずれか一方が成立する．

定義 7.1 ある k が存在して

$$A_k \succ A_j, \quad \forall j \neq k$$

が満たされるとき，A_k を「単純多数決勝者」という． □

単純多数決勝者は，誰と比較しても優位に立つ候補なので，もしこのような候補が存在するならば，それを勝者とするのが自然であろう．ところが単純多数決勝者は，いつでも存在するとは限らない．たとえば，3 人の学生 A，B，C が，ソバ屋，トンカツ屋，回転ズシのどこで昼食をとるか決定する際に，各人の選好が表 7.1 のようになっていたとする．

表 7.1

A	ソバ $\succ$ トンカツ $\succ$ スシ
B	スシ $\succ$ ソバ $\succ$ トンカツ
C	トンカツ $\succ$ スシ $\succ$ ソバ

表 7.2 循環順序発生の確率 ($n = \infty$)

m	5	10	15	20	30	40
確率	25	49	61	68	76	81

このとき，ソバ屋とトンカツ屋の対決では 2 対 1 でソバ屋が勝ち，トンカツ屋と回転ズシの対決では 2 対 1 でトンカツ屋が勝つが，回転ズシとソバ屋では 2 対 1 で回転ズシが勝つ．したがって，この場合単純多数決勝者は存在しない．このような場合，「循環順序」が発生したといい，この矛盾をはじめて指摘した人物の名を冠せて，コンドルセー (M.Condorcet) のパラドクスという．

では，循環矛盾はどのくらいの頻度で発生するのだろうか．各個人の選好がまったくランダムであることを想定して計算すると，$m = 3$ の場合は $n \geqq 5$ で大体 7～9% 程度，そして m が大きくなると，表 7.2 に示すような割合でこのパラドクスが発生するという．

循環順序発生の可能性はともかくとして，単純多数決法の難点は，投票とその集計に手間と時間がかかることである．投票者の数が多くなると，このよう

な方法は現実的とはいえなくなる．ここで必要となるのが，より手軽でしかも単純多数決勝者を選び出す可能性が高い投票方法である．

7.2.1 単記投票

この方法は，各自が 1 人の候補者に投票し，最大票を得たものを勝者とする方法である．都知事選挙のように大勢の有権者がいて，しかも 1 回しか投票ができない選挙で最もよく用いられているのが，この方法である．

しかしこの方法の場合，n や m が大きいときは，単純多数決勝者が選ばれる確率はかなり低くなってしまう (図 7.1 参照)．

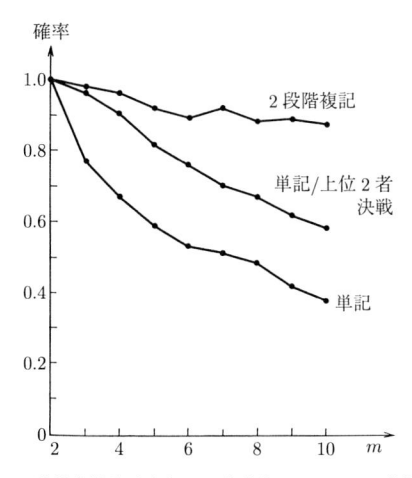

図 7.1 単純多数決勝者との一致確率 ($n = 101$) (文献[29])

7.2.2 単記投票・上位 2 者決戦方式

これに比べて，単記投票で最高得票者が過半数に満たない場合は，上位 2 者で決戦投票を行う「単記投票・上位 2 者決戦方式」を採用すると，結果はかなり改善される．図 7.1 を見ていただくと，単純多数決勝者との一致度は，$m = 6$，$n = 101$ の場合，単記投票だと 53％であったものが，この方法だと 76％へと大幅にアップする．

7.2.3 2段階複記方式

世の中ではあまり知られていないが，これよりよい方法が2段階複記方式である．この方法を一般的に書くと

第1段階　m人の候補者からl人を選ばせる
第2段階　第1段階の投票の得点の上位s人からt人を選ばせ，最高得票を得たものを勝者とする

というものである．フィッシュバーンとゲーライン (P.Fishburn-W.Gehrlein) の2人は，m, l, s, tをいろいろ変えて計算機シミュレーションを行っているが，その結果

$$l \approx m/2, \quad s = 2, \quad t = 1$$

と選ぶと，単純多数決勝者との一致度が最も高くなることを確認している．つまり，第1回の投票で約半数の候補に投票させ，第2回目には上位2者決戦方式を採用するのがよいというのである．図7.1で見ると，たとえば$m = 10$, $n = 101$のとき，単純多数決勝者との一致度は単記投票が0.38，単記投票/上位2者決戦が0.58，そして2段階複記が0.87となっている．

7.3　順位評点法 (ボルダ法)

次に，ボルダ (J.Borda) の「順位評点法」を説明しよう．この方法は，各投票者が候補者に第1位から最下位まで順位をつけ，第1位に$m-1$点，第2位に$m-2$点，…，第m位に0点の得点を付与し，これを合計した得点が最高の候補を勝者とする方法である．

第j位に$(m-j)$点を与えるのは，第j位の候補者はそれ以下に位置する$(m-j)$人の候補に勝つことを数値化したものと考えることができる．この方法の特徴は，多数決原理が「一騎打ちによる強い者勝ち」を大原則としているのに対して，「多くの人にまんべんなく支持されている人を選び出す」ところにある．

この方法による勝者と，単純多数決勝者との一致確率は，nやmに依存せずほぼ85%程度であるという．$m = 20$の場合，2段階複記法が65%であるのに比べると，そのパフォーマンスのよさは際立っている．

7.3 順位評点法 (ボルダ法)

この方法の問題点は，集計に手間がかかることと，候補者数が多いときは投票者に負担がかかりすぎることである．たとえば都知事選には，通例1ダースを越える候補が出馬するが，すべての有権者に全候補を順位づけさせるのは不可能であろう．

順位評点法は，投票の本質的な難しさを説明するのに絶好なので，重要な事項をいくつか説明しよう．

表 7.3 (イ) では，多数決勝者はa，ボルダ法ではaが13点でbが12点である．ところが，候補eが脱落した表 7.3 (ロ) では，多数決勝者が依然としてaであるのに対して，ボルダ法ではaが10点，bが11点となり順位の逆転が起こる．

また表 7.4 (イ)，(ロ) では，どの投票者についてもaとbに関する選好は不変であるが，ボルダ法では

$$イ：a = 11, \quad b = 10$$
$$ロ：a = 8, \quad b = 10$$

となって勝者が逆転する．aとbの対比較においては，それ以外の候補 c, d, e の存在が影響を及ぼさないという，「無関係対象からの独立性」に違反する結

表 7.3 選択肢の脱落による影響

(イ)

順位 投票者	1	2	3	4	5
1	a	e	b	c	d
2	a	e	d	b	c
3	b	d	e	c	a
4	e	b	c	a	d
5	a	e	b	c	d

(ロ)

順位 投票者	1	2	3	4
1	a	b	c	d
2	a	d	b	c
3	b	d	c	a
4	b	c	a	d
5	a	b	c	d

表 7.4 無関係対象からの独立性

(イ)

1	a	b	c	d	e
2	a	b	c	d	e
3	b	a	c	d	e

(ロ)

1	a	b	c	d	e
2	a	b	c	d	e
3	b	c	d	e	a

表 7.5　戦略的操作可能性

(イ)

1	a	b	c	d
2	a	b	c	d
3	b	a	c	d

(ロ)

1	a	b	c	d
2	a	b	c	d
3	b	c	d	a

果である.

表 7.5 (イ) が，3 人の投票者の真の選好を表しているのに対して，(ロ) は第 3 の投票者が b を当選させたいと考え，本当は 2 位にランクしていた a を，故意に最下位に落とした場合を表している．このとき，本来ならば a が選ばれるべきところで，「戦略的操作」が功を奏して b が当選してしまう．

7.4　アローの一般不可能性定理

ここまで，世の中で用いられている投票方法の中の代表的なものをいくつか紹介してきたが，残念ながらどの方法も完璧とはいえないものであった．集計に要するコスト (手間と時間) や投票者の負担を考えれば，ある程度やむを得ないことであるが，それでは完全な方法とはどのようなものであろうか．

この問題に鋭利なメスを入れたのが，アメリカの数理科学者ケネス・アロー (K.Arrow) である．世間ではアローは経済学者ということになっているが，その業績はひとり経済学にとどまらず，OR や経営学，社会学の数理的側面に広くまたがっているので，K 教授は数理科学者と呼ぶのが適切だと考えている．

さて，アローはボルダの場合と同様に，投票者の候補に対する選好順序が完全にわかっているものと仮定して，民主主義社会の決定方式が満たすべき条件を精しく検討した結果，完璧な社会的決定方式は理論的に存在しえないとする，「一般不可能性定理」を証明した．

1951 年に証明されたこの定理は，実際上はともかく，理論上は完璧な決定方式が存在しうると考えていた民主主義の信奉者達に強い影響を与えた．そのインパクトの大きさを自然科学の世界に置き換えれば，永久運動を否定した熱力学の第二法則，もしくはハイゼンベルグの不確定性原理にも匹敵するといわれている．アローはこの業績により，史上 3 人目のノーベル経済学賞受賞者に選

ばれたが，1人目でなかったのが不思議なくらいの順当な受賞であった．そこで以下では，一般不可能性定理の概略を説明しよう．

社会 S は n 人の個人によって構成されているものとし，選択肢の集合を X としよう．X の要素を x, y, z などの文字で表したとき，個人 i が x よりも y を好まないことを

$$x \succeq_i y$$

と書き，社会 S が y を x よりも好まないことを

$$x \succeq_s y$$

と書くことにする．また $x \succeq_s y$ であって $y \succeq_s x$ でないとき

$$x \succ_s y$$

と書く．

アローは個人と社会の選好関係に関して，以下の公理を設定した．

公理 7.1 (弱順序公理) すべての個人 i に関して以下の条件が成立する：
 (a) 反射律　すべての $x \in X$ に対して，$x \succeq_i x$
 (b) 推移律　$x \succeq_i y, y \succeq_i z$ ならば $x \succeq_i z$
 (c) 連結律　すべての i とすべての $x, y \in X$ に対して，$x \succeq_i y$ または $y \succeq_i x$ の少なくとも一方が成立する． □

公理 7.1′ 社会 S の選好関係 $\succeq_s$ も弱順序公理を満足する． □

これらの公理は，第 2 章で紹介したマルシャク (J.Marschak) の公理 2.1 と同じもので，個人，社会ともに首尾一貫した決定を行うことを要求するものである．また次の三つの公理は，民主主義/自由主義の根幹にかかわるものである．

公理 7.2 (個人の選好の無制約性) 社会の構成員は，選択肢に関して (公理 7.1 に矛盾しない限り) どのような選好をもつことも許される． □

公理 7.3 (パレート最適性) すべての i に関して $x \succeq_i y$ が成立するならば，$x \succeq_s y$ である． □

公理 7.4 (非独裁制)　ある特定の構成員 i^* が存在して，任意の選択肢対 x, $y \in X$ に対して，$x \succeq_{i^*} y$ なら (他の構成員の選好にかかわりなく)，常に $x \succeq_s y$ となるようなことがあってはならない．　□

最後の公理 7.5 は，他の公理に比べるとやや技術的なものであるが，デカルト以来の自然科学の基礎である，「全体を部分に分けて考察する分析的手法」と深いつながりがある．

公理 7.5 (無関係対象からの独立性)　ある選択肢を考慮の対象から外したとき，残りの選択肢集合に対する社会的選好は不変である．　□

定理 7.1 (アローの一般不可能性定理)　構成員が 2 人以上，選択肢が 3 個以上の場合，公理 7.1〜7.5 を満たす社会的決定方式は存在しない．　□

この定理の証明は章末で行うが，どの公理も"合理的"な決定方式が満たすべき基本的条件であるだけに，この定理の与えた衝撃は大きかったのである．この矛盾を取り除くために，アロー以後さまざまな研究が行われているが，それらについては巻末の参考文献を参照していただきたい．

さて，ひとたび完璧な決定方式が存在しないということがわかってしまうと，これ以外にも次々とパラドクスの存在が明らかになった．その代表的なものは，1973 年にギバード (A.Gibbard) とサターズウェイト (M.Satterthwaite) によって証明された次の定理である．

定理 7.2　戦略的操作の入らない決定方式は独裁方式のみである．　□

またハンソン (B.Hansson) は，次の二つの公理

公理 7.6 (投票者の無名性)　投票者は誰もが同一の扱いを受ける．　□

公理 7.7 (選択肢の中立性)　選択肢の名前の入れ替えによって，結果に違いが出ることはない．　□

を導入して，次の定理を証明した．

定理 7.3　社会的決定方式が，公理 7.6，7.7 および公理 7.1′，7.4 を満たすな

らば，投票者の選好のいかんにかかわりなく，すべての選択肢を社会的に同順序としなくてはならない． □

この定理は，公理 7.6, 7.7 の妥当性を認めると，「社会選好の推移律」と「無関係対象からの独立性」は両立しえないことを示している．

7.5　認　定　投　票

完全な投票方式が存在しえないことが明らかになったところで，K 教授の推奨銘柄である「認定投票」の登場である．この方法は，1970 年代末に政治学者ブラームス (S.Brams) と数理科学者フィッシュバーン (P.Fishburn) によって提案されたもので，投票者が好きなだけの数の候補者に投票し，最高票を得た候補を選出する方法である．

投票者の側から見たこの方法の長所としては，以下の点が考えられる：

(a) 特定の候補 (のみ) を強く支持する人は，従来通りその候補に投票すればよい．

(b) 強く支持する候補が居ない場合には，許容できる候補の全員に投票すればよい．

(c) 特定の候補を強く支持しているが，その候補が当選する見込みがない場合は，当選しそうな候補の中でよりましな候補に投票することによって，自分の票を生かすことができる．

(d) 特定の候補を忌避したいときは，その候補以外の全員に投票することによって，意思表示が可能になる．

一方，制度として見た長所としては，

(e) 上の (b) (c) (d) により，より多くの有権者が投票に参加するものと考えられる．

(f) 候補が乱立した場合，"最大の少数者グループ" によって支持された候補者が勝つことを防止できる．実際この方法は，単記投票の場合よりも単純多数決勝者が選ばれる確率が多いことが知られている．

(g) 弱い候補に対する不当な評価を防止できる．たとえば 1980 年の米国大統領選挙では，1 次投票の結果，レーガン 51%，カーター 41%，アンダー

ソン 7% の票を得た．この結果，アンダーソンは再起不能のダメージを受けたが，認定投票を行っていれば，レーガン 61%，カーター 57%，アンダーソン 49% となっただろうといわれている．

(h) 適正な候補が選ばれた場合，認定投票は単記投票に比べて得票率が高くなるので，選挙結果の正統性が増す．

さらに，次の定理に示されているとおり，他の方法に比べて戦略的操作が入りにくい方法である：

定理 7.4 各投票者の選好が 2 分割 (よい候補と悪い候補の 2 種類しかない場合) なら，認定投票には戦略的操作は入らない．また，すべての 2 分割選好に対して戦略的操作が入らない投票方式は，認定投票のみである．一方選好が 3 分割以上の場合には，戦略的操作が入らない投票方式は存在しない． □

長所ばかり並べてきたが，この方法に対しては，集計に手間がかかることのほかに

(1) 1 人が持つ票数が異なるのは公正さを欠く．
(2) 角のない八方美人的候補が選ばれやすくなる．

という批判がある．(2) はまさにそのとおりであるが，(1) についてはたとえ 1 人が 5 人に投票したとしても，1 人の候補には 1 票しか投ずることができないことと，当選するのは 1 人だけであるということからして，各投票者の実質的権利は結果的に 1 票に抑えられるのである．このことは，第 1 章の終りで紹介した，究極のクラス編成方式に対して加えられるであろう次の批判：

　学生の持ち点が 100 点から 300 点までの違いがあるのは不公平である

に対する反論：

　　1 人 1 人の持ち点が違っても，最終的に 1 人が獲得する得点は
　　100 点を超えない

と軌を一にするものであるが，読者はどのように判断されるであろうか．

7.6 認定投票によるクラス編成法の決定

お膳立てが整ったので，50 人の賢者たちによる投票結果を紹介しよう．候補となるクラス編成法は，第 1 章で説明した以下の六つである．

A. キートン法 (1.2 節)
B. 天下り法 (1.3 節)
C. 自由配点法 1 (1.4 節)

$$X_1 + X_2 + X_3 = 100, \quad X_1 \geqq X_2 \geqq X_3 \geqq 0$$

D. 自由配点法 2 (1.5 節)
　　方法 C に過疎クラス防止オプション，定員増オプションを追加
E. 自由配点法 3 (1.6 節)

$$100 = X_1 \geqq X_2 \geqq X_3 \geqq 0$$

過疎クラス防止，定員増オプションつき

F. 究極のクラス編成法 (1.6 節)

$$100 = X_1 \geqq X_2 \geqq X_3 \geqq X_4 = 0$$

過疎クラス防止，定員増オプションつき

投票は認定投票を公式投票とし，参考のために単記投票/上位 2 者決戦方式による投票を併せて実施した．その結果を示したのが表 7.6 である (50 人のうち 1 人はなぜか白票)．

認定投票では F，すなわち「究極のクラス編成法」が満票にわずか 3 票欠ける 46 票を得て当選である．一方，単記投票/上位 2 者決戦方式でも，第 1 回投票で候補 F が過半数を得て，決戦投票を待たずに勝者となった．どちらの方法

表 7.6

候補	A	B	C	D	E	F	合計
認定投票	5	13	6	30	38	46	138
単記・上位 2 者決戦	0	2	1	3	15	28	49

でも究極のクラス編成法の圧勝であるが，ここで特に注目していただきたいのは，これぞ究極の方法と思って採用した自由配点法 D が，単記投票ではたったの 3 票という惨めな結果に終わったのに対して，認定投票では 30 人の支持を獲得していることである．

単記投票/上位 2 者決戦方式では，アンダーソン候補と同じ憂き目を見たはずの D が，認定投票ではそれなりの評価を受けているのはうれしいことである．また意外なのは，C の自由配点法よりも，天下り法 B に 2 倍の票が集まっていることである．天下り法もそう捨てたものではないという次第である．

さて，この認定投票法が公式の場で使われたのは，1987 年 4 月の TIMS (国際経営科学学会) の会長・副会長選挙が最初である．この学会は OR や経営科学の分野の 6,000 人の専門家が会員となっている国際学会で，他の組織に先駆けて 1986 年 11 月の実験投票を行い，そのパフォーマンスのよさを確認した上で，1987 年以降公式方法として採用した．まさに「餅は餅屋」である．

その後この方法は急速に普及し，アメリカ数学会，工業応用数学会 (SIAM)，国際電気電子技術者学会 (IEEE) などの大規模学会が，役員選挙にこの方法を採用している．

わが国でもポピュラー音楽学会が，役員選挙にこの方法を用いているということであるが，K 教授は大学においても，学部長選挙や学長選挙にこの方法を使うべきだと考えている．

2 年に一度行われる学部長選挙では，多くの教官が年度末の超多忙な時期に狭い部屋に詰め込まれて，古典的な方法で行われる選挙のために，何時間も身柄を拘束されることがある．予備投票で決まった上位十人程度の候補者に対して認定投票を実施すれば，ものの 30 分で投票は終了するはずである．教官 1 人あたり 3 時間の節約は，100 人分ともなれば 300 時間に達する (4 年に一度の学長選挙の場合，節約時間はこの数倍に達する)．

補足：一般不可能性定理の証明

ここでは，選択肢集合が x, y, z の三つの要素からなる最も簡単なケースについて，一般不可能性定理を証明しよう (以下の説明は，文献 [27] の記述を参考にさせていただいた)．簡単のため，すべての構成員はこれらの要素の中に無

差別なもの (同等によいもの) をもたないものとする．また，以下では

表 7.7

		1	2	3	4	5	S
x	y	1	-1	1	-1	1	1

という表が与えられたとき，構成員 1, 3, 5 が $x \succ y$ と考え，2, 4 が $y \succ x$ と考えたとき，社会全体が $x \succ_s y$ という決定を下すことを意味するものと約束する．

さて，社会の構成員は循環順序が発生しない範囲で，三つの選択肢 x, y, z に対して，とりうる選好パターンは

表 7.8

		v_1	v_2	v_3	v_4	v_5	v_6
x	y	1	1	1	-1	-1	-1
y	z	1	-1	-1	1	1	-1
x	z	1	1	-1	1	-1	-1

の六つである．そこで表 7.8 の列ベクトルを $v_1, \cdots, v_6$ と書き

$$V = \{v_1, v_2, \cdots, v_6\} \tag{7.1}$$

と書こう．次に構成員 i の選好ベクトル $p_i \in V (i=1,\cdots,n)$ に対する，社会全体としての選好ベクトルを q と書こう．q もまた V に属するベクトルである．そこでこの対応関係を

$$q_j = f_j(p_1, \cdots, p_n), \quad j = 1, 2, 3 \tag{7.2}$$

と書き

$$f = (f_1, f_2, f_3) \tag{7.3}$$

を社会的決定関数という．

1° 三つの選択肢 x, y, z に対して，最小数の支持者によって支持を受けて社会的選好が決まる選択肢対を (x, y) とし，$x \succ_s y$ が成立しているものとする．このとき $x \succ y$ を支持した構成員が r 人であったとし

表 7.9

	1	2	⋯	r	r+1	⋯	n	S
$x\ y$	1	1	⋯	1	−1	⋯	−1	1

であるものとしよう．ここで第 3 の選択肢 z を追加し，各構成員の選好が

表 7.10

	1	2	⋯	r	r+1	⋯	n	S
$x\ y$	1	1	⋯	1	−1	⋯	−1	1
$y\ z$	1	−1	⋯	−1	1	⋯	1	1
$x\ z$	1	−1	⋯	−1	−1	⋯	−1	1

となっている場合を考えよう．この場合

$$y \succ_S z$$

とならなくてはならない．なぜなら，もし $z \succ_S y$ とすると，これを支持している構成員は $r-1$ 人だから，当初の仮定と矛盾が生ずる．したがって

$$x \succ_S y, \quad y \succ_S z$$

となるが，社会的決定の推移律より $x \succ_S z$ となる．ところが，$x \succ z$ を支持しているのは第 1 番目の投票者のみである！ このことから，1 人だけの支持で社会的に支持される選択肢が存在することが示された．このことはまた，上で仮定した r は 1 であることを表している．

2° 表 7.11 を考えよう．

表 7.11

		1	2	3	⋯	n	S	
	$x\ y$	1	−1	−1	⋯	−1	1	1° より
	$y\ z$	1	1	1	⋯	1	1	パレート
(+)	$x\ z$	1	∗	∗	⋯	∗	1	推移律

投票者 1 は，1° で 1 人だけで $x \succ y$ を主張して $x \succ_S y$ を勝ちとった構成員である．表の第 2 行は，すべての構成員が $y \succ z$ と考えていることを示してい

補足：一般不可能性定理の証明

るので，パレート最適性より $y \succ_S z$ が成立しなくしてはならない．これと社会的決定の推移律を組み合わせると，∗印の部分に何が入っていようと，$x \succ_S z$ が成立しなくてはならない．このことは，構成員1が他の $n-1$ 人の意向とかかわりなく，自分の判断 $x \succ_1 z$ によって $x \succ_S z$ を実現できることを示している．したがって関係 (7.2) において

$$p_{31} = 1 \quad \text{ならば} \quad q_3 = 1 \tag{7.4}$$

が成立する（ここで p_{31} はベクトル p_1 の第3成分を表している．念のため）．表7.11第3行の (x, y) 対の左に (+) をつけたのは，この関係を明らかにするためである．

3° 次に表7.12を考えよう．

表 **7.12**

			1	2	3	⋯	n	S	
	x	y	1	−1	−1	⋯	−1	1	1° より
(−)	y	z	−1	∗	∗	⋯	∗	−1	推移律
(+)	x	z	−1	−1	−1	⋯	−1	−1	パレート

まず1°より $x \succ_S y$ が成立する．次にパレート最適性より $z \succ_S x$ となる．ここで推移律を当てはめると，$z \succ_S y$ が成立する．これは，∗に何が入っていても，投票者1の (y, z) に関する選好が $z \succ_1 y$ となっていれば，$z \succ_S y$ が成立することを意味する．すなわち

$$p_{21} = -1 \quad \text{ならば} \quad q_2 = -1 \tag{7.5}$$

が示された．

4° 次は表7.13である．

表 **7.13**

				1	2	3	⋯	n	S	
		x	y	−1	−1	−1	⋯	−1	1	パレート
(−)		y	z	−1					−1	(7.5) より
(−)	(+)	x	z	−1	∗	∗	⋯	∗	−1	推移律

まずパレート最適性より, $y \succ_S x$ である. また 3° で示したことにより, $z \succ_S y$ である. よって推移律を当てはめると, $*$ が何であっても $z \succ_S x$ が成立する. すなわち

$$p_{31} = -1 \quad \text{ならば} \quad q_3 = -1 \tag{7.6}$$

が示された.

5° 次の表 7.14 を考えよう.

表 **7.14**

				1	2	3	$\cdots$	n	S	
		x	y	-1	-1	-1		-1	-1	パレート
$(+)$	$(-)$	y	z	1	$*$	$*$	$\cdots$	$*$	1	推移率
$(-)$	$(+)$	x	z	1					1	(7.4) より

ここでは, (7.4) より $x \succ_S z$ であり, またパレート最適性より $y \succ_S x$ だから, 推移律より $*$ が何であっても $y \succ_S z$ となる. これより

$$p_{21} = 1 \quad \text{ならば} \quad q_2 = 1 \tag{7.7}$$

が得られた.

6° 最後に次の二つの表を考えると, これまでと同様の理由で

表 **7.15**

				1	2	3	$\cdots$	n	S	
	$(+)$	x	y	1	$*$	$*$	$\cdots$	$*$	1	推移律
$(+)$	$(-)$	y	z	-1					-1	(7.5) より
$(-)$	$(+)$	x	z	1					1	(7.4) より

表 **7.16**

				1	2	3	$\cdots$	n	S	
$(-)$	$(+)$	x	y	-1	$*$	$*$	$\cdots$	$*$	-1	推移律
$(+)$	$(-)$	y	z	1					1	(7.7) より
$(-)$	$(+)$	x	z	-1					-1	(7.6) より

補足：一般不可能性定理の証明

$$p_{11} = 1 \quad \text{ならば} \quad q_1 = 1 \tag{7.8}$$

$$p_{11} = -1 \quad \text{ならば} \quad q_1 = -1 \tag{7.9}$$

(7.4)～(7.9) をまとめると，投票者 2～n がどのような選好をもっていても

$$q_j = p_{j1}, \quad j = 1, 2, 3 \tag{7.10}$$

となり，(x, y, z) に関する社会的選好は，第1構成員の選好と一致することがわかる．これで第1構成員は，公理 7.4 で禁止されている独裁者であることが示された．

以上で，選択肢数 m が 3 の場合の一般不可能性定理の証明は終了であるが，"m に関する数学的帰納法" という強力な武器を使うことによって，m が一般の場合についても，この定理が成り立つことが示されるのである．

8 オペレーションズ・リサーチの過去・現在・未来

　この本は，大学というコミュニティに発生するさまざまな意思決定問題を，オペレーションズ・リサーチ (OR) の七つ道具を用いて解決する過程を解説したものである．世間では OR といえば，とかく数学やコンピュータの世界のわかりにくい話として敬遠する傾向にあるが，必ずしもそうばかりでもないと感じていただければ，この本の目的は達せられたことになる．そこでこの本を閉じるにあたり，K 教授の個人的な体験をもとに，OR の過去・現在・未来について述べてみることにしたい．

8.1　時代の寵児

　K 教授が学生時代を過ごした 60 年代初頭は，OR は日の出の勢いの花形分野だった．線形計画法，ネットワーク・フロー理論，整数計画法，動的計画法などの最適化手法や，待ち行列理論，在庫管理理論，ゲーム理論などの分野で画期的な成果が次々と発表され，アメリカ直送の「経営の科学」，あるいは「意思決定の科学」として，現在の IT のように世間からもてはやされていた時代である．

　当時日本では，OR をきちんと教えている大学は少なかったが，K 青年は，この分野の最高権威と呼ばれた森口繁一教授から手ほどきを受けるという幸運に恵まれた．この講義は，線形計画法，ネットワーク・フロー理論，ゼロ和 2 人ゲーム，待ち行列，在庫管理問題などを手際よく扱ったもので，「数学者の数学者による数学者のための数学」によって，「数学者」はとても務まらないということを思い知って工学部に軌道修正した K 青年が，「エンジニアの応用数学者による問題解決のための数学」の面白味を初めて味わったのが，この講義で

8.1 時代の寵児

ある．

さて，60年代半ばといえば，数理に関心をもつエンジニアの前に，もう一つの巨大な成長分野「計算機科学」が輪郭を現わし始めた時代でもあった．当時の大学では，計算機はもっぱら数値計算用に用いられていたが，IBM7090という当時の高速・大容量の計算機を使って，数値計算プログラムを走らせながら，K青年は計算機科学こそ最大の成長分野と直感した．しかし，プログラミングの天才に取り囲まれた大学院での生活の中で，自分にはこの分野の専門家となるために必要な，"ある種の特別な才能" が欠けている，ということを思い知らされることになった．

その昔，ある計算機の専門家が，プログラミングの能力は人によって1対100の開きがあると述べていたが，本当のところは1対1,000というのがK青年の実感だった．当時T大工学部20年ぶりの秀才と謳われた若手助教授のI先生には，1,000行のプログラムを1回で通したという伝説があったが，これは神業としかいいようがない．伝説の真偽はともかくとして，K青年にはそのような緻密さと，プログラムを組み始めたら，それだけに1,000%神経を集中できる能力が欠けていたことははっきりしていた．

これに比べると，ORは "目の粗い" 人間をも許容する世界である．第1章のクラス編成問題を例にとれば，"目的関数" というものはかなり曖昧なもので，分析目的や視点のおき方次第でいろいろ変わるし，定員制約といっても，これまたある程度の変更は可能である．第2章，第3章の，多目的最適化になると，この傾向はさらに強くなる．多くの目標に対するウェイトは主観的なもので，人によって評価が異なることを初めから前提としている．

しかし，その一方で，線形計画法や(多属性)効用理論，そしてゲーム理論などは，(応用)数学として極めて洗練された内容をもっている．ORがこのような二面性をもつことからして，ORの専門家もいろいろである．曖昧一筋から厳密一筋までの両極端が，ORの専門家を名乗るとなると，外から見たイメージも人によって大きく異なることになる．

K青年は，(当時の)計算機科学が厳密一筋であったのに対して，厳密さとアイマイさが共存し，しかも対象のいかんを問わずどんな問題にも適用できる(はずの)ORの世界に，より親近感を覚えることになったのである．

8.2 ORの曲り角

こんなわけで，1968 年に勤務先から米国留学の機会が与えられたときには，K 青年は躊躇なく OR を研究テーマに選び，スタンフォード大学の OR 学科を第 1 志望とした．

当時のスタンフォード大学 OR 学科には，線形計画法の創始者であるダンツィク (G.Dantzig) をはじめ，一般不可能性定理でのちにノーベル賞を受賞したアロー (K.Arrow)，カルマン・フィルターのカルマン (R.Kalman) らの大御所のほか，若手のエース 6 名が名を連ね，客員教授としてネットワーク・フローのファルカーソン (R.Fulkerson)，ゲーム理論のシャプレー (L.Shapley)，分枝限定法のバラス (E.Balas) がいるという，まさに全米一の豪華な布陣だった．

このような環境の中で K 青年は 3 年間を過ごし，ニクソンショック直後の 1971 年に帰国した．しかし，その頃すでに OR は花形分野の地位を，コンピュータ・サイエンスに譲り渡していたのである．

OR が花形分野から退くことになった理由を，いくつか列挙してみよう．

(1) OR における新理論は，60 年代半ばまでにあらかた出てしまい，それ以降の 10 年間，研究者たちは理論の精緻化 (数学としての厳密化) に力を注いでいた．このフェーズは，次の発展のための投資として欠かせないものではあったが，応用こそが OR と考える研究者や実務家には，OR が現実から遊離してしまったように感じられた．

(2) OR は石油精製問題や輸送問題のような，"型にはまった" 問題に対しては極めて有力な道具であるが，これらの部分は早々とルーチン化して情報システムの中に組み込まれ，これが OR の貢献であるということが，外側から見えにくくなってしまった．この一方で，整数計画問題などの難しい問題は，少しサイズが大きくなると解けなくなるため実用的でないとされ，それに対する有力な反論がなされないまま，この評価が実務家の間で固まってしまった．これは，問題の本質的な難しさが十分解明されていなかったため，問題を解く技術もナイーブな段階にとどまっていたことに起因する．

(3) OR はいわゆる "戦術的" 問題には有効であっても，"戦略的" な意思決定にはほとんど役に立たないという批判が，ボディー・ブローとなってダメージを与えた．これは戦術的問題があまりにうまく解けすぎることの反動からくる部分が大きかったが，OR を厳密科学として位置づけようとする主流派研究者は，戦略的問題を解決するための努力，もしくは問題自体すらをも黙殺したため，OR を狭い範囲に閉じ込めることになってしまった．この結果，さまざまな新しい手法は，敷居の高い OR を敬遠して，より新興の学会の中に根づくこととなった．さまざまなヒューリスティック・アプローチ，ファジー理論，多目的最適化，多属性効用分析などがそのよい例である．

(4) OR は QC (品質管理) などと違って大衆化路線をとらず，知る人ぞ知るの高級路線を堅持した．この顕著な例は，40 年近くにわたってオペレーションズ・リサーチに対応する日本語をつくらずに，これを「OR」のままにしておいたことによって，一般の人々から敬遠される結果を招いた．

(5) 供給に限りがある「数理に強いエンジニア」を，より成長性の高い分野，特に計算機科学に奪われた．また欧米と違って，数学，計算機科学，経済学の分野からの OR への新規参入が乏しかった．

しかし 80 年代半ば以降，これらの事実を過去のものとする事件が次々に発生し，OR は再び成長軌道に乗るのである．

8.3　革命的新展開

その第一は，1984 年 AT&T ベル研究所のカーマーカー (N.Karmarkar) によって引き金が引かれた「内点法革命」である．

線形計画法の分野では，1947 年にダンツィクによって提案されていた単体法が，40 年近くにわたって，何物をも寄せつけない一大帝国を築いていた．そして，計算機の進歩と単体法の効率化の相乗効果によって，解ける問題の規模は 10 年で 10 倍に拡大されるというトレンドが，30 年以上にわたって続いたのである．

しかし 70 年代も半ばを過ぎると，単体法の改良は限界に達し，これ以上大き

な問題を解くには，計算機の高速化と並列化に頼る以外にないだろうという空気が支配的になった．また実用面でも，これまでに十分に大きな問題が解かれており，これ以上巨大な問題を解く必要性は少ない，とする考え方が趨勢を占めるようになった．

ここに，"従来の方法 (単体法) より 50 倍から 100 倍速い" といって登場したのがカーマーカーの内点法である．当初は秘密のベールに包まれたこのアルゴリズムも，世界中に散らばる優秀な研究者達によってさまざまな改良が施された結果，当初のカーマーカーらの発言が裏書きされ，10 年ごとに 10 倍のサイズの問題が解けるようになるという「10 年で 10 倍」の法則は，予想を覆して上方に修正された．大きな問題が解けることがわかると，ムードは一転して次々と実用問題に応用されることになった．巨大な通信ネットワークの最適運用，航空会社の飛行機と乗務員の最適スケジューリングなどは，新解法によって実際に解かれた 100 万単位の変数を含む問題の一例である．

では，単体法はもうダメなのかといえば，これまた内点法の挑戦の下で性能アップが続き，10 年で 10 倍のペースを確実にキープしている．テキサスにあるライス大学のロバート・ビクスビー (R.Bixby) は，20 年がかりで単体法に関して提案されたあの手この手を細かく組み合わせることによって，単体法の効率を改善することに成功した．

感度分析やパラメトリック分析を行う上でも，単体法は今後も欠かせない道具であり続けるはずである．単体法と内点法の両者を組み合わせた上で並列処理を行えば，10 年で 10 倍のトレンドは今後も維持されるだろう．

「役に立たない」という烙印を押された手法が劇的な復活を果たした典型的な例が，整数/組合せ最適化である．1950 年代に変数に整数条件が追加された線形計画問題……これを整数計画問題という……の解法として発表されたゴモリー (R.Gomory) の切除平面法は，その数学的精緻さで理論家たちを魅了した．しかし，実際には計算効率が悪かったため，理論倒れの代表として 60 年代以降の OR の人気下降に一役買ったものである．このため，60 年代後半以来整数計画問題の解法としては，分枝限定法と呼ばれる数え上げ法が隆盛を極めることになった．しかし分枝限定法の創始者でありながらこれに飽き足らず，組合せ最適化問題の代数的構造を追い続けたのがバラスである．彼の研究に対して

は，一部から「役に立たない OR 研究の代表」というレッテルが張られたが，結果的には役に立たないはずのこの理論が，大型の巡回セールスマン問題やスケジューリングに応用されて大成功を収めたのだから，世の中はわからないものである．

巡回セールスマン問題というのは，n 個の都市をちょうど 1 回ずつ訪れて出発点に戻るルートのうち距離の合計が最小となるものを見つける問題で，各方面に多くの応用がある難問である．

80 年代の初めには都市の数が 200〜300 程度の問題しか解けなかったが，最近では数万以上の問題が解けるようになっている．

また 1 万を超える整数変数を含むスケジューリング問題も，切除平面法と分枝限定法の組合せによって次々と解かれており，ひところ押された烙印を完全に返上した．このあたりのことは[31]を参照していただきたい．

80 年代までは解けないと思われていた問題が解けるようになったもう一つの例は，大域的最適化である．あちらこちらに谷底がある関数の最も深い谷底を求める問題……これを非凸型問題の大域的最小点問題という……が，厳密な意味で解けるようになってきたのである．

8.4 最適化の時代

ネムハウザー (G.Nemhauser) は，1993 年の Operations Research 誌に，「最適化の時代：大規模な現実問題の解決」というタイトルのエッセイを書いている．ここでネムハウザーは，単体法に始まる最適化技術の発展を振り返り，次のように述べている．

> アルゴリズムと計算機の目覚ましい進歩の組合せにより，10 年前には誰も夢想すらしなかったスピードで，超大型の線形計画問題や整数計画問題が解けるようになった．重要なことは，これらの問題がパソコンやワークステーション上で解けるようになったことである．この結果，さまざまな組織におけるロジスティクス，製造，ファイナンスなどの問題の解決に，数理計画法が大々的に利用されるようになった．
>
> また OR スタッフをもたない中小企業でも，モデリング言語，グラフィ

カル・インターフェースなどの助けによって，これらの手段が使えるようになったため，多方面に大きなマーケットが広がっている──．

K教授がこの文章を読んだのは，この本の前身である「数理決定法入門──キャンパスのOR」を出版した直後だったが，その最終章に記した，ハイトーンのメッセージを遥かに上回る高らかな進軍ラッパを聴いて，少々戸惑いを覚えた記憶がある．

ネムハウザー教授がいうとおり，80年代半ば以降の最適化技術の発展には，目を見張るものがあった．この結果，10年前には決して解けないと思われていた問題が，極めて高速で解けるようになったのである．しかしネムハウザー論文を読んだとき，K教授はこれを実感するには至らなかった．

ネムハウザー論文から数えてほぼ10年後の2002年，ビクスビー(R.Bixby)は，これまたOperations Research誌に「現実の線形計画問題の解法：この10年間の進歩」という論文を書いている．ビクスビーは自ら開発した最適化ソフトCPLEXの改良の軌跡を詳しく説明したあと，以下のように締め括っている．

> 過去15年の間に，計算機の処理スピードが約1,000倍，アルゴリズムの改良によるスピードアップが約2,000倍，合計で200万倍の計算速度の向上が実現された．この結果，10年前には1年を必要とした計算が，いまでは30秒以下で終わるようになった．恐らく誰も，1年もかかる計算などやろうとは思わないだろう(少なくとも私はそんな人を知らない)．このような進歩が具体的に何を意味するのか，まだよくわからない．しかしそれは事実なのである．われわれはいまや，たった数年前の最新技術を無力化するような最適化エンジンを手に入れた．この結果，かつては絶対不可能と思われていた問題が解けるようになり，新しい応用分野は限りなく広がった──．

ネムハウザーが10年前に述べたのとそっくり同じ言葉が，一層拡大された形で繰り返されたのである．

ビクスビーによれば，某大手企業のサプライ・チェーン最適化問題をCPLEXで解いたところ，在庫コストが20％減少したという．これは1,900万変数，1,000

8.4 最適化の時代

万制約の混合整数計画問題を解いた結果である (なおこの問題は，普通のワークステーション上で 90 分で解けている).

また大手食肉会社の牛肉解体作業の最適化においては，在庫が 80% 削減されたという．これまた 25 万制約，30 万制約に上る混合整数計画問題を解いた結果である (5 年前には，この問題は絶対に解けないと考えられていた).

最適化ソフトの改良はその後も続いている．このようなトレンドが続けば，また誰か (望むらくは日本人) が "10 年前には夢想もできなかった大型最適化問題が解けるようになった"，と書くことになるだろう．

もしそれが事実となれば，誰もが「最適化の時代」を実感するようになるはずである．「最適化の時代」を実現する上で最も重要な役割を担うのは，もちろん OR である．

話が数理計画法に偏ってしまったが，OR (もしくは数理決定法) の世界での新展開はこれ以外にもいろいろある．多属性効用分析 (第 2 章) を始めとする決定分析，階層分析法 (第 3 章)，金融工学 (第 4 章)，データ包絡分析法 (第 5 章) そして本書では触れられなかったが大規模な待ち行列システムの分析，信頼性理論，ヒューリスティック・アルゴリズムなど有望な手法が次から次へと出てきており，データベースやシミュレーション技法の進歩によって，これらの手法を応用できる分野も著しく拡大している．しかも最近は専門家だけでなく一般の人々がこれらの手法を試してみることができるようになったので，これまでの OR の蓄積が一挙に花開く可能性もある．

21 世紀の人類にはさまざまな危機が迫っている．エネルギー，資源，環境，食糧などの制約によって，地球と人類の生存に赤信号が灯っている．石井威望氏によれば，"情報技術で時間稼ぎしてトンネルを抜け，バイオにつなげるしか人類が生き延びる道はない" という．

ミクロ的に見れば，「最適化の時代」は企業や組織の活動の効率化に貢献する．マクロ的に見ればこれは希少な資源の節約につながる．最適化によって資源を 30% 節約することができれば，「運命の日」の到来を 10 年遅らせることができるかもしれない．人類社会の危機を乗り切るために，OR と最適化技術が極めて大きな役割をになっているのである．

日本の成長を支えた効率至上主義が，さまざまな批判を受けている今日この

頃であるが，一歩生産現場を離れると，世の中にはまだまだ効率性が求められている分野が数多く存在している．また，地球環境問題と途上国の経済成長という二律背反的状況の中で，「希少な資源の有効配分と運用」はますます重要性を高めている．

　経済学者にいわせれば，それは経済学がカバーする領域だということになるであろうが，経済学者が好まない計算技術と情報システムをフルに援用して，希少な資源の有効な配分と「工学的に」取り組む OR が，世界の破綻を防ぎ，豊かな社会を築く上で決定的な役割を果たすことになるだろう．

A 線形計画法の概要

ここで本文中にたびたび登場した「線形計画法」の概要をまとめておく (より詳しいことを知りたい読者は文献 [5] などを参照していただきたい).

A.1 線形計画問題

何本かの 1 次等式と 1 次不等式条件を満足する変数の組合せの中で, 与えられた 1 次式を最大化 (または最小化) する問題:

$$\left|\begin{array}{ll} 最大化 & z = \sum_{j=1}^{n} c_j x_j \\ 条\ 件 & \sum_{j=1}^{n} a_{ij} x_j \leqq b_i, \quad i = 1, \cdots, m_1 \\ & \sum_{j=1}^{n} a_{ij} x_j = b_i, \quad i = m_1 + 1, \cdots, m \\ & x_i \geqq 0, \quad j = 1, \cdots, n_1 (\leqq n) \end{array}\right. \quad (A.1)$$

を線形計画問題という. ここで c_j, a_{ij}, b_i は与えられた定数で, x_j は変数である. z を問題 (A.1) の目的関数という. z を最小化したいときは, $z' = \sum_{j=1}^{n}(-c_j)x_j$ を最大化すればよいので, 以下では最大化問題だけを取り扱う.

線形計画問題 (A.1) の中で, 特に

$$\left|\begin{array}{ll} 最大化 & z = \sum_{j=1}^{n} c_j x_j \\ 条 \ \ 件 & \sum_{j=1}^{n} a_{ij} x_j = b_i, \quad i = 1, \cdots, m \\ & x_j \geqq 0, \quad j = 1, \cdots, n \end{array}\right. \tag{A.2}$$

の形の問題を標準型の最大化問題という．(A.2) においては，通常 $n \geqq m$ であることを仮定する．

問題 (A.1) の不等式制約：

$$\sum_{j=1}^{n} a_{ij} x_j \leqq b_i$$

は新しい非負変数 $x_{n+i} \geqq 0$ を導入して

$$\sum_{j=1}^{n} a_{ij} x_j + x_{n+i} = b_i$$

という等式の形に書き改めることができる．また符号に制約のない変数 x_j は二つの非負変数 x_j^+ と x_j^- を用いて

$$x_j = x_j^+ - x_j^-, \qquad j = n_1 + 1, \cdots, n$$

と表現することができる．この二つの操作によって，問題 (A.1) は標準型に変換することができる．そこで以下では，問題 (A.2) に関する主要な結果を述べることとする．

ベクトル $b \in R^m,\ c \in R^n,\ x \in R^n,\ a_j \in R^m (j=1, \cdots, n)$ を

$$b = \begin{pmatrix} b_1 \\ \vdots \\ b_m \end{pmatrix}, \quad c = \begin{pmatrix} c_1 \\ \vdots \\ c_n \end{pmatrix}, \quad x = \begin{pmatrix} x_1 \\ \vdots \\ x_n \end{pmatrix}, \quad a_j = \begin{pmatrix} a_{1j} \\ \vdots \\ a_{mj} \end{pmatrix}$$

と定義し

$$A = (a_1, a_2, \cdots, a_n) \in R^{m \times n}$$

とすると，問題 (A.2) はより簡潔に

$$\begin{vmatrix} 最大化 & z = c^t x \\ 条\ \ 件 & Ax = b, \quad x \geqq 0 \end{vmatrix} \tag{A.3}$$

と書くことができる．以下では

$$X = \{x \in R^n | Ax = b, x \geqq 0\} \tag{A.4}$$

と書き，$x \in X$ を問題 (A.3) の実行可能解という．また

$$c^t x^* \geqq c^t x, \qquad \forall x \in X \tag{A.5}$$

を満たす $x^* \in X$ を問題 (A.3) の最適解という．

最適解の存在に関しては，X が閉集合であることにより，次の定理が成り立つ．

定理 A.1 $X \neq \phi$ であるものとすると，
 (i) X が有界
 (ii) $c^t x$ が X 上で上に有界
のいずれか一方の条件が満たされれば，(A.2) には最適解が存在する． □

A.2 基底解と辞書

A の階数は一般に m 以下である (仮定より $m \leqq n$ に注意) が，rank $A < m$ のときには方程式

$$Ax = b \left(\iff \sum_{j=1}^{n} a_{ij} x_j = b_i, \quad i = 1, \cdots, m \right) \tag{A.6}$$

の中に無駄なものが含まれるので，あらかじめそれらは除去されているものとして，以下では

$$\text{rank}\, A = m \tag{A.7}$$

を仮定する．A の 1 次独立な m 本のベクトル $a_{j_1}, \cdots, a_{j_m}$ がつくる A の正則な部分行列：

$$B = (a_{j_1}, \cdots, a_{j_m}) \in R^{m \times m} \qquad (A.8)$$

を A の基底行列といい，$a_{j_1}, \cdots, a_{j_m}$ を (B に対応する) 基底列ベクトルという．また B に含まれない $n-m$ 本の A の列ベクトル $a_{j_{m+1}}, \cdots, a_{j_n}$ を (B に対応する) 非基底列ベクトルといい，これらがつくる $m \times (n-m)$ 行列を

$$N = (a_{j_{m+1}}, \cdots, a_{j_n}) \qquad (A.9)$$

と書く．また B と N に対応する x の部分ベクトル $x_B = (x_{j_1}, \cdots, x_{j_m})^t, x_N = (x_{j_{m+1}}, \cdots, x_{j_n})^t$ を基底変数ベクトル，非基底変数ベクトルという．

基底行列 B が与えられると，方程式 $Ax = b$ は

$$Bx_B + Nx_N = b \qquad (A.10)$$

と書ける．この式で $x_N = 0$ とおいて得られる解 $\hat{x} = (\hat{x}_B, \hat{x}_N) = (B^{-1}b, 0)$ を，(A.3) の基底解という．特に，$B^{-1}b \geqq 0$ のときは $\hat{x} \in X$ だから，$\hat{x}$ を (A.3) の実行可能基底解という．A の n 本の列ベクトルの中から，m 本の1次独立なものを選び出す組合せの数は，たかだか ${}_nC_m$ だから，異なる実行可能基底解は有限個である．

B を A の基底行列とすると，式 $Ax = b$ は (A.10) より

$$x_B = B^{-1}b - B^{-1}Nx_N \qquad (A.11)$$

と等価である．そこで，x_B, x_N に対応する c の部分ベクトルを c_B, c_N と書き，(A.3) の z の式 $c^t x = c_B^t x_B + c_N^t x_N$ の x_B の部分に (A.11) を代入した表現：

$$\left|\begin{array}{ll} 最大化 & z = c_B^t B^{-1}b + (c_N^t - c_B^t B^{-1}N)x_N \\ 条\ \ 件 & x_B = B^{-1}b - B^{-1}Nx_N \\ & x_B \geqq 0, \quad x_N \geqq 0 \end{array}\right. \qquad (A.12)$$

を (A.3) の B に対応する辞書，または基底形式表現という．以下では

$$\begin{cases} z_B = c_B^t B^{-1}b, & \bar{c}_N^t = c_N^t - c_B^t B^{-1}N \\ \bar{b} = B^{-1}b, & \bar{N} = B^{-1}N \end{cases} \qquad (A.13)$$

と書いて (A.12) をより簡潔に

$$
\begin{vmatrix} 最大化 & z = z_B + \bar{c}_N^t x_N \\ 条\ \ 件 & x_B = \bar{b} - \bar{N} x_N \\ & x_B \geqq 0, \quad x_N \geqq 0 \end{vmatrix} \tag{A.14}
$$

と記す．とくに $\bar{b} = B^{-1}b \geqq 0$ のとき，(A.14) を実行可能な辞書という．(A.14) を成分ごとに書けば

$$
\begin{vmatrix} 最大化 & z = z_B + \sum_{k=m+1}^{n} \bar{c}_{ij_k} x_{j_k} \\ 条\ \ 件 & x_{j_i} = \bar{b}_i - \sum_{k=m+1}^{n} \bar{a}_{ij_k} x_{j_k}, \quad i = 1, \cdots, m \\ & x_{j_i} \geqq 0, \quad i = 1, \cdots, n \end{vmatrix} \tag{A.15}
$$

となる．

定理 A.2 (最適条件) (A.14) で $\bar{c}_N \leqq 0$, $\bar{b} \geqq 0$ ならば，$x^* = (x_B^*, x_N^*) = (\bar{b}, 0)$ は問題 (A.3) の最適解である．

[証明] 明らかに $x^* \in X$ で $c^t x^* = z_B$ である．一方，$x \in X$ なら $x_N \geqq 0$ だから，$\bar{c}_N \leqq 0$ より $\bar{c}_N^t x_N \leqq 0$ である．よって

$$z = z_B + \bar{c}_N^t x_N \leqq z_B = c^t x^*$$

である． □

A.3 単　体　法

実行可能な辞書，すなわち $\bar{b} \geqq 0$ を満たす辞書 (A.14) が与えられたものとする．定理 A.2 より，$\bar{c}_N \leqq 0$ ならば (A.3) の最適解が得られたことになる．そこで以下では

$$\bar{c}_N^t = (\bar{c}_{j_{m+1}}, \cdots, \bar{c}_{j_n}) \nleqq 0 \tag{A.16}$$

である場合を考える．このとき $\bar{c}_t > 0$ となる t が存在するので

$$x_{j_k} = 0, \quad k = m+1, \cdots, t-1, t+1, \cdots, n \tag{A.17}$$

としたまま x_t を 0 から増加させると，関係式 $z = z_B + \bar{c}_t x_t$ より z の値は増加する．一方，(A.15) より $x \in X$ であるためには

$$x_{j_i} = \bar{b}_i - \bar{a}_{it} x_t, \quad \geq 0, \quad i = 1, \cdots, m \qquad (A.18)$$

でなくてはならない．

ここでもし $\bar{a}_{it} \leq 0, i = 1, \cdots, m$ であるとすると，$x_{j_i} \geq 0, i = 1, \cdots, m$ を破ることなく x_t を限りなく増加させることができるので，$c^t x \to \infty$ となる $x \in X$ が存在する．このとき問題 (A.2) には無限解が存在するという．

一方 $\bar{a}_{it} > 0$ となる i が存在するときは，$x_{j_i} \geq 0, i = 1, \cdots, m$ であるための条件は

$$\bar{b}_r / \bar{a}_{rt} = \min\{\bar{b}_i / \bar{a}_{it} | \bar{a}_{it} > 0\} \qquad (A.19)$$

としたとき $x_t \leq \bar{b}_r / \bar{a}_{rt}$ となる．

さて $\bar{c}_t > 0$ より z は x_t が大きいほど大きい値をとる．そこで $x_t = x'_t \equiv \bar{b}_r / \bar{a}_{rt}$ とおくと，(A.17), (A.18) より

$$\begin{cases} z = z_B + \bar{c}_t x'_t = z_B + \bar{c}_t \bar{b}_r / \bar{a}_{rt} \geq z_B \\ x'_{j_i} = \bar{b}_i - \bar{a}_{it} x'_t \geq 0, \quad i = 1, \cdots, m \\ x'_{j_r} = \bar{b}_r - \bar{a}_{rt} x'_t = 0 \\ x'_{j_k} = 0, \quad k = m+1, \cdots, t-1, t+1, \cdots, n \end{cases} \qquad (A.20)$$

で定義される新たな実行可能解 x' が得られる．

定理 A.3 B の列ベクトル a_{j_r} を a_t と入れかえた行列を B' とすると，(A.20) は基底行列 B' に対応する実行可能基底解である．

[証明] B' に対応する基底ベクトル $x_{B'}$ 以外の x' の成分はすべて 0 である．したがって，B' が正則であることを示せば証明は完了する．そこで $D = B^{-1} B'$ とおくと，B' の第 $i(\neq r)$ 列は B の第 i 列ベクトルに等しいから，D の第 $i(\neq r)$ 列は第 i 単位ベクトルとなる．また D の第 (r, r) 成分は $\bar{a}_{rt}$ だから，(A.19) により $\det D = \bar{a}_{rt} \neq 0$ となる．よって，$\det B' = \det DB = \det D \cdot \det B \neq 0$ である． □

新しい基底行列 B' に対応する辞書を求めるには，関係式

$$x_{i_r} = \bar{b}_r - \sum_{\substack{k=m+1 \\ i_k \neq t}}^{n} \bar{a}_{rj_k} x_{j_k} - \bar{a}_{rt} x_t \tag{A.21}$$

を用いて

$$x_t = \left(\bar{b}_r - \sum_{\substack{k=m+1 \\ i_k \neq t}}^{n} \bar{a}_{rj_k} x_{j_k} - x_{i_r} \right) \Big/ \bar{a}_{rt} \tag{A.22}$$

を求め，この式を (A.15) の残りのすべての式に代入すればよい．このプロセスは $\bar{a}_{rt}$ をピボットとする掃出しという．

アルゴリズム 1 (単体法)

0° $\bar{b} \geqq 0$ を満たす辞書 (A.14) が得られているものとする．

1° (A.14) で $\bar{c}_N \leqq 0$ となっていれば終了．(最適解 $x^* = (x_B^*, x_N^*) = (\bar{b}, 0)$ が得られた)：$\bar{c}_N \nleqq 0$ のときは

$$\bar{c}_t = \max\{\bar{c}_{j_k} | k = m+1, \cdots, n\} \tag{A.23}$$

として 2° にいく．

2° $\bar{a}_{it} \leqq 0$, $i = 1, \cdots, m$ のときは終了 (無限解が生成された)．そうでないときは (A.19) により r を決定して 3° にいく．

3° 新しい基底行列 B' に対応する辞書を生成して 1° に戻る．

定理 A.4 問題 (A.3) のすべての実行可能基底解 B が $\bar{b} = B^{-1}b > 0$ を満足するなら，単体法は有限回の反復で最適な実行可能解を生成して終了する．

[証明] (A.20) より $z_B' = z_B + \bar{c}_t \bar{b}_r / \bar{a}_{rt} > z_B$ である．この結果，反復を繰り返すたびに z_B の値は厳密に増加する．B が決まれば z_B の値は一意的に決まるので，反復の過程で同一の基底行列が繰り返し出現することはありえない．ところが異なる基底の数は有限なので，定理が成立する． □

定理 A.4 の仮定は非退化仮定と呼ばれるものであるが，これが成立しないときも，t と r を決定する手続きに工夫を施すことにより単体法の有限収束を保証することができる．

A.4　2段階単体法

単体法を開始するには，$\bar{b} \geqq 0$ を満たす辞書を求めることが必要であるが，そのための手続きを説明しよう．まず (A.3) の b の成分の中に負のものがあるときには，その式に -1 をかけて $b \geqq 0$ となるように調整する．次に人工変数 $x_{n+i}, i = 1, \cdots, m$ を導入して，フェーズ I 線形計画問題：

$$
\begin{vmatrix}
\text{最小化} \quad \xi = \sum_{i=1}^{m} x_{n+i} \\
\text{条　件} \quad \sum_{j=1}^{n} a_{ij} x_j + x_{n+i} = b_i, \quad i = 2, \cdots, m \\
\qquad x_j \geqq 0, j = 1, \cdots n \,;\, x_{n+i} \geqq 0, \quad i = 1, \cdots, m
\end{vmatrix}
\qquad (\text{A.24})
$$

を定義する．

$$
x_{n+i} = b_i - \sum_{j=1}^{n} a_{ij} x_j, \quad i = 1, \cdots, m \qquad (\text{A.25})
$$

を用いて (A.24) を書き直すと等価な問題：

$$
\begin{vmatrix}
\text{最大化} \quad -\xi = -\sum_{i=1}^{m} b_i + \sum_{j=1}^{n} \left(\sum_{i=1}^{m} a_{ij} \right) x_j \\
\text{条　件} \quad x_{n+i} = b_i - \sum_{j=1}^{n} a_{ij} x_j \\
\qquad x_j \geqq 0, \quad j = 1, \cdots, n+m
\end{vmatrix}
\qquad (\text{A.26})
$$

が得られる．ところが $b_i \geqq 0, i = 1, \cdots, m$ より，これは (A.24) の実行可能な辞書となっている．そこで，この辞書を出発点として単体法を適用してみよう．

ここで $x_{n+i} \geqq 0, i = 1, \cdots, m$ より，$-\xi$ は上に有界だから，定理 A.1 より問題 (A.26) には必ず最適解が存在し，単体法は最適基底解を生成して終了する．そこで最適基底解を $x_j^*, j = 1, \cdots, n+m$ と書こう．

ここで $x_{n+i}^* > 0$ となる i が存在すれば $X = \phi$ であることがわかる．なぜなら；$\tilde{x} \in X$ とすると $\sum_{j=1}^{n} a_{ij} \tilde{x}_j = b_i, i = 1, \cdots, m$ だから，$\tilde{x}_{n+i} = 0$，$i = 1, \cdots, m$ とおくと $(\tilde{x}_1, \cdots, \tilde{x}_n, \tilde{x}_{n+1}, \cdots, \tilde{x}_{n+m})$ は (A.24) の実行可能解

となる．したがって，$X \neq \phi$ なら $x^*_{n+i} = 0, i = 1, \cdots, m$ でなくてはならない．

一方 $x^*_{n+i} = 0, i = 1, \cdots, m$ のときは，(非退化仮定のもとでは) x_{n+i}, $i = 1, \cdots, m$ は (A.24) の最適基底解に対応する辞書において非基底変数 (すなわち式の右辺の変数) になっているはずである．したがって，(辞書の右辺にある) $x_{n+i}, i = 1, \cdots, m$ に関する部分をすべて削除した辞書が，もとの問題 (A.24) の実行可能な辞書となるのである．

アルゴリズム 2 (2 段階単体法)

0° $x_{n+i}, i = 1, \cdots, m$ を基底変数とする辞書 (A.26) をつくる．

1° (フェーズ I) (A.26) に単体法を施し $-\xi$ を最大化する．
 $x^*_{n+i} = 0, i = 1, \cdots, m$ を満たす最適解が得られたら 2° にいく．そうでないときは終了 (問題 (A.3) は実行可能解をもたない)．

2° (フェーズ II)．問題 (A.3) の実行可能な辞書が得られたので，$x_{n+i}, i = 1, \cdots, m$ に対応する部分を削除した辞書をもとに z を最大化する．

A.5 数 値 例

次の問題を 2 段階単体法で解いてみよう．

$$\begin{aligned}
\text{最大化} \quad & z = x_1 - x_2 + x_3 \\
\text{条 件} \quad & 2x_1 - x_2 + 2x_3 \leqq 4 \\
& 2x_1 - 3x_2 + x_3 \leqq -5 \\
& -x_1 + x_2 - 2x_3 \leqq -1 \\
& x_1 \geqq 0, \quad x_2 \geqq 0, \quad x_3 \geqq 0
\end{aligned} \tag{A.27}$$

まずスラック変数 x_4, x_5, x_6 を導入して条件式を等式：

$$\begin{aligned}
2x_1 - x_2 + 2x_3 + x_4 &= 4 \\
2x_1 - 3x_2 + x_3 \quad\quad + x_5 &= -5 \\
-x_1 + x_2 - 2x_3 \quad\quad\quad + x_6 &= -1
\end{aligned}$$

に変換する．次いで第 2 式，第 3 式に -1 をかけて

$$2x_1 - x_2 + 2x_3 + x_4 = 4$$
$$-2x_1 + 3x_2 - x_3 - x_5 = 5$$
$$x_1 - x_2 + 2x_3 - x_6 = 1$$

と変換する．次いで人工変数 x_7, x_8, x_9 を導入して，フェーズ I 問題：

$$\left| \begin{array}{ll} 最小化 & \xi = x_7 + x_8 + x_9 \\ 条 件 & 2x_1 - x_2 + 2x_3 + x_4 + x_7 = 4 \\ & -2x_1 + 3x_2 - x_3 - x_5 + x_8 = 5 \\ & x_1 - x_2 + 2x_3 - x_6 + x_9 = 1 \\ & x_j \geqq 0, \quad j = 1, \cdots, 9 \end{array} \right. \quad (A.28)$$

を構成する．以下では，スペースを節約するため変数の非負条件を削除して話を進める．(A.28) に対する実行可能な辞書は

$$\left| \begin{array}{ll} 最大化 & -\xi = -10 + x_1 + x_2 + 3x_3 + x_4 - x_5 - x_6 \\ 条 件 & x_7 = 4 - 2x_1 + x_2 - 2x_3 - x_4 \\ & x_8 = 5 + 2x_1 - 3x_2 + x_3 + x_5 \\ & x_9 = 1 - x_1 + x_2 - 2x_3 + x_6 \end{array} \right. \quad (A.29)$$

となる．以下この問題に単体法を適用する．

フェーズ I

サイクル 1

$$\bar{c}_t = \max \bar{c}_j = \bar{c}_1$$
$$\bar{b}_r / \bar{a}_{r1} = \min\{\bar{b}_i / \bar{a}_{i1} | \bar{a}_{i1} > 0\} = 1 \, ; r = 3$$

これより第 3 式を用いて

$$x_1 = 1 + x_2 - 2x_3 + x_6 - x_9$$

と書き改め，これを他の式に代入すると

を得る.

サイクル 2

$$\bar{c}_t = \bar{c}_2, \quad \bar{b}_r/\bar{a}_{r2} = 2, \quad (t,r) = (2,1)$$
$$x_2 = 2 + 2x_3 - x_4 - 2x_6 + 2x_9 - x_7$$

これを他の式に代入すると

$$\begin{aligned}
\text{最大化} \quad -\xi &= -5 + 5x_3 - x_4 - x_5 - 4x_6 + 3x_9 - 2x_7 \\
\text{条件} \quad x_2 &= 2 + 2x_3 - x_4 \quad\quad - 2x_6 + 2x_9 - x_7 \\
x_8 &= 5 - 5x_3 + x_4 + x_5 + 4x_6 - 4x_9 + x_7 \\
x_1 &= 3 \quad\quad - x_4 \quad\quad - x_6 + x_9 - x_7
\end{aligned} \quad (A.31)$$

となる.

サイクル 3

$$\bar{c}_t = \bar{c}_3, \quad \bar{b}_r/\bar{a}_{r3} = 1, \quad (t,r) = (3,2)$$
$$x_3 = 1 + (1/5)x_4 + (1/5)x_5 + (4/5)x_6 - (4/5)x_9 + (1/5)x_7 - (1/5)x_8$$

これより

$$\begin{aligned}
\text{最大化} \quad -\xi &= \quad\quad\quad\quad\quad\quad\quad\quad\quad\quad -x_9 - x_7 - x_8 \\
\text{条件} \quad x_2 &= 4 - (3/5)x_4 + (2/5)x_5 - (2/5)x_6 + (2/5)x_9 - (3/5)x_7 \\
&\quad\quad\quad\quad\quad\quad\quad\quad\quad\quad\quad\quad\quad\quad - (2/5)x_8 \\
x_3 &= 1 + (1/5)x_4 + (1/5)x_5 + (4/5)x_6 - (4/5)x_9 + (1/5)x_7 \\
&\quad\quad\quad\quad\quad\quad\quad\quad\quad\quad\quad\quad\quad\quad - (1/5)x_8 \\
x_1 &= 3 \quad\quad - x_4 \quad\quad\quad\quad - x_6 + x_9 \quad\quad - x_7
\end{aligned}$$
$$(A.32)$$

を得る. $\xi = 0$ となったので，フェーズ I 問題 (A.29) は解けたことになる.

フェーズ II

(A.32) で x_7, x_8, x_9 の部分を削除して z の式を x_4, x_5, x_6 で表現したフェーズ II 問題:

$$
\left|
\begin{array}{ll}
\text{最大化} & z = -(1/5)x_4 - (1/5)x_5 + (1/5)x_6 \\
\text{条　件} & x_2 = 4 - (3/5)x_4 + (2/5)x_5 - (2/5)x_6 \\
& x_3 = 1 + (1/5)x_4 + (1/5)x_5 + (4/5)x_6 \\
& x_1 = 3 - x_4 \quad\quad\quad\quad - x_6
\end{array}
\right. \tag{A.33}
$$

を考える.

$$\bar{c}_t = \bar{c}_6, \quad \bar{b}_r/\bar{a}_{r6} = 3, \quad (t, r) = (6, 3)$$
$$x_6 = 3 - x_4 - x_1$$

より新たな辞書

$$
\left|
\begin{array}{ll}
\text{最大化} & z = 3/5 - (2/5)x_4 - (1/5)x_5 - (1/5)x_1 \\
\text{条　件} & x_2 = 14/5 - (1/5)x_4 + (2/5)x_5 + (2/5)x_1 \\
& x_3 = 17/5 - (3/5)x_4 + (1/5)x_5 - (4/5)x_1 \\
& x_6 = 3 \quad - x_4 \quad\quad\quad\quad - x_1
\end{array}
\right. \tag{A.34}
$$

を得る. この辞書は最適条件を満たしている. よって (A.27) の最適解は $(x_1^*, x_2^*, x_3^*) = (0, 14/5, 17/5)$ となる. $\square$

A.6 双対理論

線形計画問題

$$
\left|
\begin{array}{ll}
\text{最大化} & z = c^t x \\
\text{条　件} & Ax = b, \quad x \geqq 0
\end{array}
\right. \tag{P}
$$

に対して, 次の双対問題

$$
\left|
\begin{array}{ll}
\text{最小化} & w = b^t y \\
\text{条　件} & A^t y \geqq c
\end{array}
\right. \tag{D}
$$

を導入する.

A.6 双対理論

定理 A.5 (弱双対定理) x と y がそれぞれ (P) と (D) の実行可能解ならば

$$c^t x \leqq b^t y$$

が成立する.

[証明]　$c^t \leqq y^t A, \quad x \geqq 0, \quad Ax = b$ より

$$c^t x \leqq (y^t A) x = y^t (Ax) = y^t b = b^t y$$

となる. □

定理 A.6 (双対定理)　(P) が最適解をもてば (D) も最適解をもち, 最適解における両者の目的関数値は一致する.

[証明]　(P) が最適解をもつときは, 定理 A.4 より (P) には最適な基底解 x^* が存在する. そこで (P) の最適基底解に対応する基底行列を B とする. $x^* = (x_B^*, x_N^*) = (B^{-1}b, 0)$ だから, $c^t x^* = c_B^t B^{-1} b$ である. 一方, $y^* = (B^{-1})^t c_B$ とおくと, $b^t y^* = c_B^t B^{-1} b$ かつ $(y^*)^t A = c_B^t B^{-1}(B, N) = (c_B^t, c_B^t B^{-1} N)$ だから,

$$c^t - (y^*)^t A = (c_B^t, c_N^t) - (c_B^t, c_B^t B^{-1} N) = (0, \bar{c}_N^t) \leqq 0$$

である. よって

$$A^t y^* \geqq c, \qquad b^t y^* = c^t x^*$$

これを定理 A.5 と組み合わせると

$$b^t y^* = \min\{b^t y | A^t y \geqq c\}$$

であることがわかる. □

系 A.1　(D) が最適解をもてば (P) も最適解をもち, 最適解における両者の目的関数値は一致する.

[証明]　冒頭の A.1 で述べた手続きを用いて (D) を標準型の問題に書き改め, 定理 A.6 を当てはめればよい. □

文　献

全体にまたがるもの
- ［1］ 佐武一郎：「線型代数学」, 数学選書 1, 裳華房, 1974.
- ［2］ 広中平祐他 (編)：「現代数理科学事典」(第 2 版) (第 12 章), 丸善, 2009.
- ［3］ 森　雅夫, 松井知己：「オペレーションズ・リサーチ」, 経営システム工学ライブラリー 8, 朝倉書店, 2004.
- ［4］ Hillier, F. S. and Lieberman, G. J.：*Introduction to Operations Research* (9th ed.), McGraw-Hill, 2010.

第 1 章　線形計画法
- ［5］ 今野　浩：「線形計画法」, 日科技連出版社, 1987.
- ［6］ 田村明久, 村松正和：「最適化法」, 共立出版, 2002.
- ［7］ 刀根　薫：「数理計画」, 基礎数理講座 1, 朝倉書店, 1978.
- ［8］ 森　雅夫, 松井知己：「オペレーションズ・リサーチ」(第 6 章), 経営システム工学ライブラリー 8, 朝倉書店, 2004.

第 2 章　多属性効用分析
- ［9］ 石谷　久, 石川真澄：「社会システム工学」, 現代人の数理 2, 朝倉書店, 1992.
- ［10］ Keeney, R. L. and Raiffa, H.：*Decisions with Multiple Objectives*, Cambridge University Press, 1993.

第 3 章　階層分析法 AHP
- ［11］ 刀根　薫：「ゲーム感覚意思決定法―AHP 入門」, 日科技連出版社, 1986.
- ［12］ 八巻直一, 高井英造：「問題解決のための AHP 入門―Excel の活用と実務的例題」, 日本評論社, 2005.
- ［13］ Golden, B., Wasil, E. and Harker, P. (eds.)：*The Analytic Hierarchy Process*, Springer-Verlag, 1989.
- ［14］ Saaty, T.L.：*The Analytic Hierarchy Process*, McGraw-Hill, 1981.

第 4 章　ポートフォリオ理論
- ［15］ 今野　浩：「理財工学 I―平均・分散モデルとその拡張」, 日科技連出版社, 1995.
- ［16］ 枇々木規雄, 田辺隆人：「ポートフォリオ最適化と数理計画法」, 朝倉書店, 2005.

第 5 章　データ包絡分析法 DEA

［17］刀根　薫：「経営効率性の測定と改善—包絡分析法 DEA による」，日科技連出版社，1993．

［18］末吉俊幸：「DEA—経営効率分析法」，朝倉書店，2001．

［19］『週刊 東洋経済』2010 年 10 月 16 日号「ニッポンの大学 トップ 100 本当に強い大学 2010」

［20］Charnes, A., Cooper, W.W. and Rhodes, E.：Measuring the Efficiency of Decision Making Units, *European Journal of Operational Reseach*, **2**(1978), 429-444.

［21］Cooper, W.W., Seiford, L.M. and Tone, K.：*Data Envelopment Analysis –A Comprehensive Text With Models, Applications, References and DEA-Solver Software–* (2nd ed.), Springer-Verlag, 2006.

［22］Tone, K.：A Slacks-based Measure of Efficiency in Data Envelopment Analysis, *European Journal of Operational Research*, **130**(2001), 498-509.

第 6 章　ゲーム理論

［23］今野　浩：「線形計画法」(第 11 章)，日科技連出版社，1987．

［24］鈴木光男，武藤滋夫：「協力ゲームの理論」，東京大学出版会，1985．

［25］渡辺隆裕：「ゼミナール ゲーム理論入門」，日本経済新聞出版社，2008．

第 7 章　投票の理論

［26］K. アロー (長名訳)：「社会的選択と個人的評価」，日本経済新聞社，1977．

［27］佐伯　胖：「きめ方の論理」，東京大学出版会，1980．

［28］Brams, S. and Fishburn, P.：*Approval Voting*, Birkhauser, 1982.

［29］Fishburn, P. and Gehrlein, W.：An Analysis of Simple Two-Stage Voting Systems, *Behavioral Sciene*, **21** (1976), 1-12.

［30］Fishburn, P.：Simple Voting Systems and Majority Rule, *Behavioral Science*, **19** (1974), 166-176.

第 8 章　オペレーションズ・リサーチ

［31］今野　浩：「21 世紀の OR—『最適化の時代』の旗手」，日科技連出版社，2007．

［32］今野　浩：「役に立つ一次式」，日本評論社，2005．

索　引

ア　行

天下り法　6, 123
アレの反例　26
アロー，K.　118, 132
意思決定の科学　130
一属性効用関数　28
一貫性係数　48
一般不可能性定理　118, 120
S.S.O.　96
MAD モデル　67, 69
MV モデル　67
オペレーションズ・リサーチ (OR)　22, 53, 130

カ　行

回帰分析　62
階層分析法　38
確実同値額　29
確率計算　33, 35
確率変数　57
仮想効率値　78
過疎クラス防止法　12
カルマン，R.　132
期待効用　23
期待効用最大化の原理　22, 25
期待値　58
基底解　141, 142
基底行列　142
基底形式表現　142
基底変数　142
基底列ベクトル　142

キートン法　4, 123
キーニー，R.　22
ギバード，A.　120
究極のクラス編成法　17, 113, 123
教育の効率性　73
均衡解　102, 107
均衡点　101
金融工学　53, 137
くじ　24
クーパー，W.W.　72
組合せ最適化　134
クラス編成問題　1, 112
　　——の解法　19
経営の科学　130
計算機科学　131
ゲームの値　101
ゲーム理論　92, 130, 131
ゲーライン，W.　116
研究の効率性　73
効用　59
効用関数　23
効用関数存在定理　25
効用独立性　30
効用理論　131
効率的フロンティア　59
効率的ポートフォリオ　59
合理的　120
合理的意思決定者　25, 100
個人の選好の無制約性　119
固定数投票方式　113
ゴモリー，R.　134
混合戦略　102
コンドルセーのパラドクス　114
コンパクト分解法　64

サ 行

在庫管理論　130
最適解　141
最適条件　143
サタースウェイト, M.　120
サーティ, T.　38
辞書　141
実行可能解　141
実行可能基底解　142
支払い　100
支払い行列　101
シミュレーション　14
弱順序公理　23, 119
弱双対定理　151
シャープ, W.　63
シャプレー, L.　132
収益率　54
自由配点法　9, 123
重要度　41
出力指向モデル　88
順位評点法　116
巡回セールスマン問題　135
循環順序　114
シングル・ファクター・モデル　63, 69
人工変数　146
推移律　23, 119
数理決定法　15, 22, 112
スロビックとトベルスキーの実験　27
整数計画法　130
整数計画問題　132, 134
切除平面法　134
絶対偏差　66
ゼロ和 2 人ゲーム　99, 130
線形計画法　112, 130, 131
線形計画問題　7, 19, 67, 108, 139
戦術的問題　133
選択肢　25, 119
　　――の中立性　120
戦略の操作　118
戦略的な意思決定　133
双対定理　109, 151

相対評点　44
双対問題　80
双対理論　81, 150
ソフトウェア著作権　96

タ 行

大域的最小点問題　135
多階層の評価木　49
多属性効用関数　30
多属性効用分析　21, 22, 133
多目的最適化　133
多様性公理　24
単記投票　115
単記投票・上位 2 者決戦方式　115
単純多数決原理　113
単純多数決勝者　114
単体法　19, 108, 133, 143
ダンツィク, G.　132
チャーンズ, A.　72
手　99
データ包絡分析法　71
投資　54
投資比率　58
動的計画法　130
投票者の無名性　120
独立性公理　24
凸 2 次計画問題　61
飛び石法　19

ナ 行

内点法革命　133
ナッシュ均衡解　111
2 階層の木　39
2 項分布　33
2 段階単体法　146
2 段階複記方式　116
2 分割　122
入力指向モデル　87
認定投票　121
ネットワーク DEA　91
ネットワーク・フロー　130

索　引

熱力学の第二法則　118
ノーベル経済学賞　118

ハ　行

ハイリスク・ハイリターン　57
掃出し　145
バラス, E.　132
パレート効率性　74
パレート効率的な評価対象　75
パレート最適性　119
反射律　23, 119
ハンソン, B.　120
非基底変数　142
非基底列ベクトル　142
非効率的　76
非ゼロ和2人ゲーム　110
非退化仮定　145
非独裁制　120
非凸型問題　135
ピボット　145
ヒューリスティック　133
評価属性　28
評価要因　38
　　――の木　38
標準偏差　55
標本共分散　64
品質管理　133
ファクター　61
ファクター・モデル　61
ファジー理論　133
フィッシュバーン, P.　116, 121
フェーズI線形計画問題　146
フォン・ノイマン, J.　22, 27, 99, 102, 109
不確定性原理　118
プライマル・デュアル法　20
ブラームス, S.　121
プレーヤー　107

分散　58
分枝限定法　134
分数計画　79
平均・下半分散モデル　68
平均・絶対偏差モデル　65
平均・分散モデル　57, 60, 99
ベキ乗法　43
ペロン–フロベニウスの定理　43
ポートフォリオ　58
ボルダ法　116

マ　行

マクシミン戦略　103, 107
マーコビッツ, H.　53
マーコビッツのモデル　59
待ち行列理論　130
マルシャク, J.　25
マルシャクの公理　119
ミニマクス戦略　106, 108
ミニマクス定理　107
無関係対象からの独立性　120
無限解　144
目的関数　139

ヤ　行

輸送問題　7

ラ　行

リスク　55
連結律　23, 119
連続性公理　24

ワ　行

割当て問題　7

著者略歴

今野　浩（こんの・ひろし）

1940年　東京都に生まれる
1965年　東京大学大学院数物系研究科修了
現　在　東京工業大学名誉教授
　　　　工学博士
著　書　『理財工学 I, II』（日科技連出版社，1995，1998）
　　　　『役に立つ一次式』（日本評論社，2005）など

後藤順哉（ごとう・じゅんや）

1973年　静岡県に生まれる
2001年　東京工業大学社会理工学研究科博士課程修了
現　在　中央大学理工学部経営システム工学科教授
　　　　博士（工学）
著　書　『Excel で学ぶ OR』（共著，オーム社，2011）

シリーズ〈オペレーションズ・リサーチ〉5
意思決定のための数理モデル入門　　　定価はカバーに表示

2011年 9月15日　初版第1刷
2021年11月25日　　　第6刷

　　　　　　　　著　者　今　野　　　浩
　　　　　　　　　　　　後　藤　順　哉
　　　　　　　　発行者　朝　倉　誠　造
　　　　　　　　発行所　株式会社　朝　倉　書　店
　　　　　　　　　　　　東京都新宿区新小川町 6-29
　　　　　　　　　　　　郵便番号　162-8707
　　　　　　　　　　　　電　話　03(3260)0141
　　　　　　　　　　　　FAX　03(3260)0180
　　　　　　　　　　　　https://www.asakura.co.jp

〈検印省略〉

Ⓒ 2011〈無断複写・転載を禁ず〉　　　　中央印刷・渡辺製本

ISBN 978-4-254-27555-1　C 3350　　　Printed in Japan

JCOPY　＜出版者著作権管理機構　委託出版物＞

本書の無断複写は著作権法上での例外を除き禁じられています．複写される場合は，
そのつど事前に，出版者著作権管理機構（電話 03-5244-5088, FAX 03-5244-5089,
e-mail: info@jcopy.or.jp）の許諾を得てください．

好評の事典・辞典・ハンドブック

数学オリンピック事典	野口 廣 監修　B5判 864頁
コンピュータ代数ハンドブック	山本 慎ほか 訳　A5判 1040頁
和算の事典	山司勝則ほか 編　A5判 544頁
朝倉 数学ハンドブック［基礎編］	飯高 茂ほか 編　A5判 816頁
数学定数事典	一松 信 監訳　A5判 608頁
素数全書	和田秀男 監訳　A5判 640頁
数論＜未解決問題＞の事典	金光 滋 訳　A5判 448頁
数理統計学ハンドブック	豊田秀樹 監訳　A5判 784頁
統計データ科学事典	杉山高一ほか 編　B5判 788頁
統計分布ハンドブック（増補版）	蓑谷千凰彦 著　A5判 864頁
複雑系の事典	複雑系の事典編集委員会 編　A5判 448頁
医学統計学ハンドブック	宮原英夫ほか 編　A5判 720頁
応用数理計画ハンドブック	久保幹雄ほか 編　A5判 1376頁
医学統計学の事典	丹後俊郎ほか 編　A5判 472頁
現代物理数学ハンドブック	新井朝雄 著　A5判 736頁
図説ウェーブレット変換ハンドブック	新 誠一ほか 監訳　A5判 408頁
生産管理の事典	圓川隆夫ほか 編　B5判 752頁
サプライ・チェイン最適化ハンドブック	久保幹雄 著　B5判 520頁
計量経済学ハンドブック	蓑谷千凰彦ほか 編　A5判 1048頁
金融工学事典	木島正明ほか 編　A5判 1028頁
応用計量経済学ハンドブック	蓑谷千凰彦ほか 編　A5判 672頁

価格・概要等は小社ホームページをご覧ください．